小山 著

好咖啡
没有秘密

U0125653

中国轻工业出版社

图书在版编目（CIP）数据

好咖啡没有秘密 / 小山著. — 北京：中国轻工业出版社，2023.9

ISBN 978-7-5184-4460-1

Ⅰ．①好…　Ⅱ．①小…　Ⅲ．①咖啡—基本知识　Ⅳ.①TS971.23

中国国家版本馆 CIP 数据核字（2023）第 105974 号

责任编辑：胡　佳　　　责任终审：劳国强
整体设计：锋尚设计　　责任校对：朱燕春　　责任监印：张京华

出版发行：中国轻工业出版社（北京东长安街6号，邮编：100740）
印　　刷：北京博海升彩色印刷有限公司
经　　销：各地新华书店
版　　次：2023年9月第1版第1次印刷
开　　本：889×1194　1/32　印张：6
字　　数：200千字
书　　号：ISBN 978-7-5184-4460-1　定价：59.80元
邮购电话：010-65241695
发行电话：010-85119835　传真：85113293
网　　址：http://www.chlip.com.cn
Email：club@chlip.com.cn
如发现图书残缺请与我社邮购联系调换
221004S1X101ZBW

咖啡，是很多人的"心头好"，也是不少人日常必不可少的饮品。无论是在家自己制作，还是到随处可见的咖啡店点上一杯；是靠它提神"续命"，还是拿它当作消遣；是自己独享，还是与身边人分享……这种饮品无时无刻不在散发着它独特的魅力，甚至是"魔力"。

不过，咖啡的世界五光十色、变化万千，我们总有在柜台点单时发呆犹豫的时刻，在选择时茫然纠结的时刻，在制作时手忙脚乱的时刻，在品尝时眉头紧皱的时刻。

与此同时，在这个信息爆炸的时代，咖啡的知识、分享、课程铺天盖地，我们可以获得我们想了解的所有内容。然而这一切似乎并不是变得更简单，而是更复杂了。咖啡被各种新鲜名词包装出来的神秘感和仪式感所包围，我们为可以喝到更好喝的咖啡而感到欣喜的同时，也不禁担心起它的门槛是不是没有降低，反而变高了。

好咖啡，有秘密吗？其实所谓秘密，不过是信息不对称而已。这就是知识应该发挥它价值的地方。所以，本书挑选了几十个人们经常碰到的问题，尝试化繁为简，给出尽量清晰易懂的答案。对于有不同观点的问题，也努力综合各种看法。如果有些地方值得商榷，或是由于本人知识的局限出现了错误，也欢迎大家批评指正。

希望通过这本小书，可以帮助大家更简单地享受一杯好咖啡，欣赏好咖啡背后的故事，真切感受咖啡带给我们的更纯粹的美妙体验。

小山

Part

1

怎么点咖啡
——咖啡点单不求人

Part 2

怎么做咖啡
——好咖啡，自己做

Part

3

怎么挑咖啡
——明明白白选咖啡

Part

4

怎么品咖啡
——喝出来，说出来

Part

1

怎么点咖啡

——咖啡点单不求人

咖啡店，是很多人接触咖啡的第一个地点，无论是和朋友小聚，还是自己在店内小憩，又或者以其为办公空间，都是很不错的选择。从以前面积很大、搭配西式简餐的大型连锁咖啡店，到现在街边的精品咖啡小店，咖啡的菜单也在不断进化。随着咖啡文化的发展，菜单上的选择越来越多，也导致越来越多"望菜单兴叹"的时刻出现。在这一章，我就来为你介绍一些菜单上会出现的咖啡饮品，它们中有非常经典的，有时下流行的，还有相对小众的。其实，你很容易发现，它们的构成大同小异，界限也并没有那么清晰，有些甚至就像是"双胞胎"。不过，你可以大大方方地要求店员为你解释，并制作一杯符合你要求的咖啡。

这里我们主要聚焦意式咖啡。手冲咖啡的点单涉及对咖啡豆的选择，你会在第三章找到答案。

意式浓缩咖啡，
咖啡菜单上的"隐形大佬"

除了少数只做手冲咖啡或仅做某种地域特色咖啡（如越南咖啡、老挝咖啡、土耳其咖啡等）的咖啡店外，无论是连锁大品牌咖啡店还是精品小店，都是以意式浓缩咖啡为基底来制作各种饮品（特别是牛奶饮品）的。不过，很少有人会点这样一杯咖啡来喝，如果你在咖啡店尝试过点一杯单独的"意式浓缩咖啡"，相信一定被它强烈的味道"狠狠教训了一下"吧！

意式浓缩咖啡（Espresso）诞生于意大利，全称是Caffè Espresso。Espresso一词本来的含义究竟是指"用压力挤出"还是"快速现点现做（相对于从大咖啡壶中盛出）"，目前还有一定争议。它诞生于19世纪末到20世纪初，当时饮用咖啡虽已是人们日常生活的一部分，但冲煮咖啡的过程非常耗时（当时除了直接用咖啡粉煮咖啡，也有一些类似摩卡壶的咖啡制作工具），很多在忙碌工作中只能短暂休息的工薪阶层，开始呼唤一种更加快速且让咖啡风味较好的制作方式。

1884年，都灵人安吉洛·莫里昂多（Angelo Moriondo）发明了一种利用蒸汽压力制作咖啡的咖啡机。不过压力仅有1.5巴（bar，常用压强单位，1巴等于1个标准大气压，10^5帕）左右，只能批量制作咖啡，无法制作一人份咖啡。后来来自米兰的路易吉·贝泽拉（Luigi Bezzerra）和德西德里奥·帕沃尼（Desiderio Pavoni）对机器进行了改进，并开始用Espresso称呼这种机器制作出的咖啡，意式浓缩咖啡在这时开始进入人们的视野。这样的咖啡机虽然使制作速度大大加快，但体积较大，且由于压力小，也无法产生现在标志性的克丽玛（Crema）。直到数十年后，米兰的咖啡馆老板阿奇列·加吉亚（Achille Gaggia）发明了弹簧拉杆式咖啡机（以贝泽拉、帕沃尼和加吉亚命名的咖啡机品牌至今仍是意式咖啡机业界的佼佼者），才将压力提升到了8巴以上，也才得到了意式浓缩咖啡最明显的特征——克丽玛，同时也规范了一杯意式浓缩咖啡的量。今天的意式浓缩咖啡机已经不再使用蒸汽进行萃取，多数也不需要人力进行拉杆，而是使用自动电子泵加压，可以非常精准地控制压力，有些还可以根据程序设定在萃取过程中变压。

传统上的意式浓缩咖啡是用7～9克的咖啡粉，利用意式咖啡机9巴左右的高压，经过20～30秒的萃取，得到1盎司（30毫升左右）的咖啡液。不过，随着大杯饮品，特别是奶咖的流行，标准也变得更有弹性，每个咖啡店根据自己的理解，都可以设定不同的粉量、液重（液体咖啡的重量）和粉液比。

意式浓缩咖啡的制作依赖有经验的咖啡师和一台好的意式浓缩咖啡机。由于萃取时间极短（通常在20～30秒），咖啡粉极细，非常细微的参数差别就可能带来风味的变化。萃取的压力、水温、咖啡粉研磨度、萃取时间、得到的咖啡液重等参数，都会影响

一杯意式浓缩咖啡的最终风味呈现。无论是单独作为咖啡馆的一款产品，还是作为美式和拿铁等主打产品的基底，意式浓缩咖啡需要满足经常光顾的老顾客的需要，因此对于稳定性的要求非常高。深度烘焙的拼配咖啡豆既可以平衡风味，满足更多人的需要，又可以在产季变换和市场波动时保证风味的稳定性，还能有效控制成本，因此成为传统上制作意式浓缩咖啡的不二选择。但是现在也有越来越多的咖啡馆提供单一产地咖啡豆制作的意式浓缩咖啡（SOE，Single Origin Espresso），它可以更加突出咖啡豆本身的特色，常用来制作美式、Dirty（脏咖啡，日常使用英文原名）、澳白（Flat white）等饮品。SOE常使用非洲和中美洲的单品咖啡豆（如耶加雪菲），其中花香、水果风味丰富，可以明显区别于常规的拼配豆。不过，SOE对于烘焙师和咖啡师的要求更高，处理不好可能会导致呈现在杯中的负面味道（如尖锐的酸度）被放大。

克丽玛到底是不是油脂?

　　克丽玛(Crema)在意大利语中是奶油(Cream)的意思，是意式浓缩咖啡表面的一层浓郁绵密的棕色物质，是其他很多萃取方式得不到的，常被翻译为"油脂"。确实，在加压萃取时，更多的油脂从咖啡豆中析出，然而这并不足以构成克丽玛。它的本质是一种泡沫，是由乳化的油脂、被压力挤压出的二氧化碳气泡、蛋白质、糖等多种物质根据一定的结构所形成的暂时稳定的泡沫。通常咖啡豆越新鲜、烘焙程度越深，萃取时的克丽玛就会越厚实。虽然它对咖啡香气和口味有一定影响（正面或者负面因人而异），但它并不能告诉我们这杯意式浓缩咖啡的好坏如何，不能作为判断咖啡风味好坏的标准。

美式咖啡竟然不是
来自美国

美式咖啡和拿铁绝对是咖啡菜单上的"大咖"，在很多咖啡店，这两者的点单率超过60%，甚至70%。不过，说起来很奇怪，为什么"美式"咖啡会是"意式"咖啡的一种呢？

美式咖啡（Americano），简单来说就是意式浓缩咖啡加水稀释后得到的咖啡。它虽然叫美式咖啡，但其实诞生于意大利。据传说，第二次世界大战时驻扎在意大利的美国士兵不习惯意式浓缩咖啡强烈浓郁的味道，因此在咖啡中加水稀释，以模仿在家乡喝到的味道。也有不同的传闻：为了满足这些美国士兵，意大利的咖啡师自创了这种喝法，并迅速受到人们欢迎。不管怎样，它都不是美国咖啡，而是正经的意式咖啡。

美式咖啡这种以美国命名的咖啡在意大利流传了下来，又逐渐在全世界扩散开。在20世纪70年代以后，随着星巴克的推广和传播，它更成为咖啡馆菜单的标配。

美式咖啡常规的制作方法是在萃取好的意式浓缩咖啡中倒入数倍的热水。不过也有反其道而行之的做法，即先在杯中接好热水，然后将杯子放到意式咖啡机下，萃取出的意式浓缩咖啡直接流入杯中，这种做法做出的咖啡也被称为长黑咖啡（Long Black），流行于澳大利亚和新西兰。虽然二者味道几乎没有差异，但是长黑咖啡更清澈，更重要的是能更好地保留意式浓缩咖啡表面的克丽玛，而这也是它和其他滴滤咖啡最大的不同。

美式咖啡中意式浓缩咖啡和添加的热水的比例并没有固定的要求，从1∶1到1∶8都存在，几乎完全取决于个人偏好，1∶5到1∶7则是更加推荐的比例，可以使用一份意式浓缩咖啡也可以使用双份，当然也可以根据喜好添加牛奶、糖等。如果将热水替换为冷水和冰块，那自然就是冰美式了。

传统的美国咖啡什么样？

第二次世界大战时期，在美国常见的咖啡制作器具是渗滤壶（Percolator），一种放在炉灶上加热的咖啡壶。这种双层咖啡壶通过烧水使下壶中的水沸腾，蒸汽穿过中间的咖啡粉，然后落回到下壶中并再次烧开。反复萃取通常会导致过度萃取，这样的咖啡很苦，酸涩又带着金属味。这种咖啡壶一直到20世纪70年代后才逐渐被自动滴滤咖啡机取代，不过至今仍然有不少人在用。

好咖啡
没有秘密

人生无解，
多喝拿铁

　　如果论起被点单最多的咖啡饮品，拿铁自称第一，恐怕没人敢说自己是第二。各种各样的花式拿铁如今更是占据了菜单的半壁江山。寒冷的冬季，手握一杯拿铁，除了让人感觉温暖之外，心里好像也更有底了。因为人们花在咖啡上的钱太多，所以"拿铁因子"（Latte Factor）也被用来指代那些生活中非必要的、掏空你钱包的支出。没有什么事情，是一杯拿铁解决不了的。甚至有品牌打出了"人生无解，多喝拿铁"的广告语。那么，"拿铁"一词是怎么来的？为什么一杯醇香浓郁的牛奶咖啡，就被称为"拿铁"了？

　　"拿铁"一词在2000年左右随着连锁咖啡店进入中国，进而走进了中文互联网。2005年左右，拿铁还一度成为一种表面传统但骨子里前卫的生活态度的代名词。

　　拿铁来自Latte的音译，虽然没有确切证据，但这种音译推测和粤语有关。Latte在意大利语中是"牛奶"的意思，和法语中的Lait一样，也来源于拉丁文中的Lac（乳糖的英文Lactose也源于此）。

　　拿铁的正式名称是Caffè Latte，即咖啡牛奶，虽然随着美国咖啡文化传播到全世界，现在多被简称为Latte，但在它的故乡意大利，咖啡馆中仍然使用Caffè Latte这一名称，如果有人点一杯Latte，店员很可能表示疑惑，并给你一大杯牛奶。在这里，Caffè通常用来指代意式浓缩咖啡，Caffè Latte就是在意式浓缩咖啡中加入热牛奶（传统方式中牛奶不需要用蒸汽打发）。但它最初不像其他加牛奶的咖啡，如卡布奇诺（Cappuccino）和玛奇朵（Caffè Macchiato）那样常见，并不总是出现在菜单的显著位置，甚至在一些咖啡馆中并不提供这一饮品，只在游客较多的地方可以找到。因此，刚好和美式相反，与其说拿铁起源于意大利，不如认为拿铁是一种"美国发明"。而在20世纪80至90年代以后，颇有"炫技色彩"的咖啡拉花扮演了让拿铁"冲出美国，走向世界"的关键角色。

　　除了最常见的加了打发奶泡的拿铁以外，现在不断有一些创新产品出现，需要我们擦亮双眼。在遍布城市每个角落的咖啡馆，既有加了咖啡的"榛果拿铁""南瓜拿铁"等，也有完全不含咖啡的"红茶拿铁""抹茶拿铁"，点单时真的要小心了。如果你新到一家咖啡馆，要点一杯花式拿铁，最好在点单时跟咖啡师确认一下，是有Caffè，还是只有Latte。

点拿铁时需要告诉咖啡师"不要加糖"吗？

一般来说，咖啡店出品的普通拿铁里面是不会额外加糖的。如果是牛奶拿铁，无论加的是全脂奶还是脱脂奶，都可能会让人感觉到一点来自乳糖的甜味。牛奶中的乳糖含量一般在4.5%～5%。乳糖的甜度和蔗糖相比要低很多（是蔗糖的15%左右）。如果你点的是加燕麦奶等的植物奶拿铁，虽然没有额外加糖，但有的植物奶本身可能是有不少糖的。

不过如榛果拿铁、南瓜拿铁等很多花式风味拿铁是默认放糖或风味糖浆、炼乳等的（一些店会询问要全糖、半糖还是无糖）。此外，一些连锁快餐店和便利店出品的拿铁，默认是放糖或者糖浆的。如果你介意的话，就需要在点单时和咖啡师确认好。

还要特别注意的是，瓶装即饮咖啡饮料和添加了糖和植脂末的速溶咖啡（也叫三合一咖啡）有一些也名为"拿铁"，这些即饮咖啡中通常是含有糖或代糖的，选购时可以参看配料表。

卡布奇诺，
从僧侣罩袍到冬日玫瑰

卡布奇诺（Cappuccino）曾经和拿铁一样，是奶咖界的"扛把子"。虽然热度不及从前，不过在连锁咖啡店中仍然占据着重要的地位。卡布奇诺的名字非常好听，像魔法世界的奇特饮料，简称"卡布"更是可爱得很。在意大利的咖啡馆中，卡布奇诺在菜单上比拿铁更为常见。Cappuccino一词来源于天主教圣方济僧侣（Capuchin Friars）穿的带帽子罩袍的浅棕色。这种咖啡最早在奥地利出现，称为Kapuziner，是在咖啡上加入了打发奶油和糖的一种饮品。卡布奇诺在20世纪初期出现在意大利，意大利人通常将它作为早餐的一部分，一般只在上午10点前饮用。

和拿铁相似，卡布奇诺也是由意式浓缩咖啡、蒸汽打发过的牛奶和奶泡（Frothed Milk，也许称为奶沫更加合适）这三者构成。用热蒸汽打发的蒸牛奶（Steamed Milk）含有丰富的、肉眼几乎不可见的"微气泡"，流动性好，而奶泡的气泡则相对更粗大，流动性稍差。通常来说，卡布奇诺的制作遵循意式浓缩咖啡、蒸牛奶和奶泡1：1：1的比例。当然也有一些咖啡馆使用更多的蒸牛奶和奶泡，比如1：2：2。因为有更多粗大的奶泡，也称其更"干"。传统意大利咖啡中，卡布奇诺使用较小的杯子，如5盎司（150毫升左右）的杯子。咖啡师制作时，用勺子将粗大的奶泡直接舀入咖啡杯中。这样制作的卡布奇诺奶泡隆起很高，不适合拉花。不过现在更常见的方式则是用拉花杯将蒸牛奶和奶泡倒入咖啡，可以做出简单的图案。也有一些咖啡馆还会在上面撒上可可粉或肉桂粉等。

相比牛奶比例更高、奶泡相对较薄（甚至没有）且杯量较大的拿铁，卡布奇诺中的咖啡味更加突出，当然，现在不同的咖啡店甚至不同的咖啡师都会根据自己的习惯来制作，一家店的卡布奇诺很有可能和另一家店的拿铁相差无几。如果你希望喝到的卡布奇诺更加传统，可以在点单时跟咖啡师提出要求。

现在，卡布奇诺又成为一种玫瑰的名字，它的花瓣在裸粉色中透出一点淡雅的浅咖色，质地也如奶咖般丝滑细腻。它不像红玫瑰般热烈，也不像白玫瑰般矜持，却自有一分温柔、内敛和从容。据说，它也是极适合冬天的。试想在寒风凛冽的冬天，窝在沙发里，手边一杯刚刚做好的卡布奇诺咖啡，桌上摆着一束卡布奇诺玫瑰，心里肯定是暖的吧。

宝贝奇诺和法布奇诺

宝贝奇诺（Babyccino）是一种给儿童饮用的不含咖啡的饮品。主体是蒸汽或奶泡器打发的带奶泡的温热牛奶，上面可以撒可可粉、肉桂粉或用棉花糖、彩色糖粒等装饰。本身不含咖啡因和糖。这样在大人去咖啡馆时，就可以给身边的小朋友也点一杯啦！

法布奇诺（Frappuccino）其实有一个我们更加熟知的名字——"星冰乐"，属于星巴克的冰咖啡产品线，以意式浓缩咖啡、冰、风味糖浆、牛奶、香料等构成，通常顶部带有奶油，口感类似冰沙。最早由"咖啡巨匠"乔治·豪尔（George Howell）的连锁咖啡店发明，后来该店被星巴克收购。名字来自Frappé（一种类似冰沙和奶昔的饮品）的中文翻译和卡布奇诺的结合。

/ 好咖啡
没有秘密

澳白，咖啡店里的新宠儿

如果有一个澳大利亚人和一个新西兰人同时站在你面前，想让他们吵起来的最好办法，就是问他们澳白（Flat White）诞生于哪里。这款20世纪80年代出现的奶咖饮品迅速在这些地方赢得了消费者的喜爱，并广泛传播开来，成为咖啡店里热奶咖中的新宠儿。不过，澳白和拿铁真的有区别吗？也太像了吧！

相比于同样用意式浓缩咖啡加奶泡制作的卡布奇诺和拿铁，澳白最核心的差异在于其中使用更少的牛奶，而奶泡更加绵密细腻，见不到膨松隆起而高出杯子边缘的奶沫层，表面是"平"的，这就是"Flat"的来历。虽然都使用蒸汽奶泡，但卡布奇诺的奶泡更粗、更厚实，顶部高高隆起。拿铁虽然奶泡更细腻，但牛奶的比例很高。而澳白牛奶较少，使用细腻绵密、天鹅绒般丝滑的"微奶泡"，表层的奶泡只有薄薄一层，在一些咖啡馆甚至看不出明显的奶泡层。同时，澳白一般会使用双份（见第042页）的意式浓缩咖啡液，或者双份更加浓缩的意式特浓咖啡

（Ristretto，即和意式浓缩咖啡使用同样的咖啡粉量，用更少的水萃取出的味道更浓郁的咖啡），以获得更浓郁、更强烈的咖啡味道。

据说，为了和大杯拿铁［8盎司（230毫升左右）］，甚至更大的玻璃杯区分，以前在澳大利亚和新西兰的咖啡馆里，澳白使用和卡布奇诺一样容量在5~6盎司（150~170毫升）的陶瓷小杯，不过这种区分并没有被广泛接受。此外，一些咖啡店的澳白默认不做拉花，而另一些则在澳白上展现咖啡师高超的拉花技术，所以这也不是区分它和其他奶咖饮品的标准。

有些人如《咖啡新规则》（*The new rules of coffee*）的作者乔丹·米歇尔曼和扎卡里·卡尔森认为澳白并不存在，因为它不过是人们为一种意式浓缩咖啡加蒸汽打发牛奶的奶咖所起的一个好听的名字，而我们上述的所谓标准其实并不能限定咖啡师们如何做出这样一杯饮品，因此我们很可能在不同的咖啡店点到完全不同的澳白。虽然这种说法乍听上去有点耸人听闻，仔细想想，也确实有一定道理。也许我们永远无法点到一杯相同的澳白，但只要了解自己的偏好，并将其传达给你面前的咖啡师就好了。

好咖啡
没有秘密

白咖啡

　　不加糖和奶的咖啡通常被称为"黑咖啡"，那与之相对的"白咖啡"是什么呢？就是加了奶的咖啡吗？也对，但不全对。还有一种"白咖啡"，是由于使用了特殊的烘焙方式使咖啡豆呈现较浅颜色，才被称为"白"咖啡的。马来西亚怡保的白咖啡起源于20世纪初，当时在咖啡豆烘焙过程中一般会加入人造黄油、糖和谷物，这样烘焙出的咖啡豆又黑又酸又苦，而当时涌入的大量华工并不习惯这样的味道，因此在烘焙时只加人造黄油，不添加糖和谷物，且使用长时间低温烘焙，因为添加物较少而被称为"白"咖啡。在西亚的也门也有类似的白咖啡，使用了缓慢的中低温浅度烘焙。不过它的添加物比较特别，是叫作Hawaij的混合香料（包括肉桂、小豆蔻、生姜、丁香等）。这样做出来的咖啡更接近一种茶，除了香料的味道，也会带有咖啡本身的坚果和水果味。同时由于豆子烘焙程度低，还可以感受到轻微的干草味。

脏咖啡
有多"脏"

最近几年，"脏脏"的概念非常火爆，从脏脏包到脏脏奶茶，再到Dirty（脏咖啡）。也许是因为名字本身的随性不羁，也许是因为"颜值"，都让人觉得它富有冲击力和个性，一经推出，迅速成为网红饮品。

最常见的Dirty，是一种咖啡和牛奶不完全融合的饮品。这种Dirty并不是传统意式咖啡中的一种，一般也不会出现在美式连锁咖啡馆的菜单上，据称最早是来源于日本的一家咖啡馆。目前也主要在中国、泰国和新加坡等地的一些咖啡馆出现。

制作Dirty时只需将冷藏过的牛奶倒入杯中，将杯子置于咖啡机的冲煮头下，按下萃取键，让意式浓缩咖啡直接流入杯中即可。抬高杯子使杯口尽量靠近冲煮头或将小勺的勺背放在牛奶液面上一点作为缓冲，都可以减少咖啡落入杯中时因冲击导致的融合，这样还可以保留意式浓缩咖啡的克丽玛，使其看上去更"脏"。当然，也可以将咖啡先萃取到某个容器中，再缓慢倒入盛放牛奶的杯中。提前冷冻杯子可以使温度差异更明显，在融合时出现牛奶和咖啡更加参差交错的效果。这样做出来的Dirty一般建议尽快大口饮用，可以明显感觉到风味强烈的意式浓缩咖啡和凉爽微甜的牛奶两者的鲜明对比，非常有趣。为了更好地突出分层效果，也让牛奶的甜感和奶香更加突出，很多咖啡店会使用冰博克牛奶来制作Dirty。

Dirty和冰拿铁的区别在于Dirty使用冰牛奶，但不加冰块，而冰拿铁一般都会加入冰块；冰拿铁中咖啡和牛奶融合得更好，颜色会变成浅咖啡色，而Dirty的融合不充分；某些冰拿铁会加入糖浆，而Dirty不加；Dirty一般使用较小 [8盎司（230毫升左右）] 或更小的杯子，冰拿铁则使用12盎司（350毫升左右）或以上的大杯；由于Dirty可以突出咖啡风味，很多咖啡馆的Dirty倾向于使用单一产地咖啡豆，而冰拿铁则更多使用意式拼配咖啡豆。当然，如果你没有在第一时间品尝，浓缩咖啡和牛奶已经融合，你会发现其实Dirty和冰拿铁在风味上并没有什么区别。

除此之外，韩国有一种Dirty，是在意式浓缩咖啡上加上打发的奶油，直到奶油溢出杯口，然后撒上可可粉或片状的巧克力，从视觉上看也是很"脏"的。另外一种在美国很受欢迎的Dirty Chai，则是融合了Chai（南亚地区一种加入小豆蔻、肉桂、丁香、八角、生姜、黑胡椒等香料的茶）、打发的牛奶和意式浓缩咖啡的一种香料拿铁。

冰博克牛奶

冰博克（Eisbock）本来是一种经过冷冻提纯后的烈性啤酒（Eis是冰，Bock是一种烈性拉格啤酒）。由于不同物质的冰点不同，可以在不同温度将它们分离出来。在冷冻啤酒时，由于酒精的冰点很低，不会冻结，解冻时会先流出，这样先得到的部分啤酒酒精度就比较高。而解冻牛奶时，除了水以外的物质如乳糖、蛋白质、乳脂等都会先行解冻，这样得到的冰博克牛奶奶香浓郁，甜度大大增加，口感也更加绵密顺滑，质地介于牛奶和淡奶油之间，非常适合用来制作Dirty。

在家制作冰博克牛奶，只需将牛奶完全冷冻，然后转移到冷藏室中进行缓慢可控的解冻。解冻时将牛奶盒或牛奶瓶开小口，倒置于容器上，等待先溶化的部分流入容器中即可。一般溶化到50%左右停止。不过，出于工艺限制和节约成本的考虑，常见市售的冰博克牛奶并非通过这样的冷冻提纯生产出来，而是通过膜过滤等其他技术实现类似的口感。

用碗来盛的
咖啡欧蕾

　　数年前我在日本旅行，从奈良的某个景点出来，又累又渴，看到不远处有家小咖啡馆（传统的日式"喫茶店"），便与朋友进去小坐。店主是一位老妇人，妆容精致，客气地送上菜单。菜单虽有英文，但与当时国内连锁店见到的都不同，很多咖啡大概是沿用了欧洲的称呼。因为没有看到拿铁，我便点了杯"咖啡欧蕾"。味道其实和寻常拿铁无异，只是没有奶泡，更没有拉花。后来我留意观察，便利店中也有名为"咖啡欧蕾"的罐装咖啡。一年后去法国旅行，我又在菜单上见到它，特意又点了一杯，为了看看它本来的模样。

　　咖啡欧蕾来源于法语Café au lait，即加了牛奶的咖啡。其实这种做法很常见，很多国家都有类似的饮品。咖啡中加入牛奶的历史大概始于17世纪，一个说法是，当时法国格勒诺布尔国王的医生首先想到了在咖啡中加入牛奶以代替糖和蜂蜜，来降低咖啡的苦味。另有一个说法是，清朝初期来到中国的荷兰旅行家约翰·纽霍夫在中国看到了奶茶，从而想到同样在咖啡中加奶的做法。

在法国，咖啡欧蕾常常作为早餐的一部分饮用，特别是给小朋友喝的时候，通常会用碗来盛，方便浸泡法棍等面包，颇有点类似我们用油条蘸豆浆的吃法。

传统上，制作咖啡欧蕾只要将1∶1的浓咖啡和热牛奶兑在一起就可以了。更有仪式感的做法，则是侍者将咖啡和牛奶用两个容器端到客人面前，然后左右手同时将咖啡和牛奶倒入杯或碗中，黑白瞬间融合成浅棕色。不过现在这种做法越来越难见到了。

咖啡欧蕾所用的牛奶，在咖啡店里是用蒸汽打发的热牛奶，在家则比较多用火炉上加热的牛奶，一般都没有奶泡。所用的咖啡，传统上使用摩卡壶、法压壶等萃取的咖啡。在美国，也可以用浓度较高的滴滤咖啡来制作。这样做出的咖啡欧蕾没有奶泡，也没有拉花，看上去自然和拿铁不同。

不过在起源地法国，随着意式咖啡机的流行，咖啡馆越来越多地使用意式浓缩咖啡来制作咖啡欧蕾，因此它也逐渐"拿铁化"了。

特别的咖啡欧蕾

　　在法国前殖民地，美国南部的新奥尔良，还有一种特别的咖啡欧蕾喝法，除了咖啡和牛奶，还会在其中加入菊苣。这是一种草本植物，有强烈的苦味，在物资紧缺的战争时期可以替代咖啡（虽然并没有咖啡因）。同时，再搭配撒了糖粉的油炸甜点贝涅饼（类似甜甜圈，但没有中间的大孔，也被称为法式油条）。

　　星巴克也曾推出过一款"密斯朵"（Caffe Misto），类似咖啡欧蕾，用半杯滴滤咖啡加入半杯热牛奶，还可以再加入糖浆调味。

焦糖玛奇朵，
给生活加点甜

当你想给生活加点甜，一杯新鲜制作的"焦糖玛奇朵"是个不错的选择。不过焦糖玛奇朵如果去掉焦糖，并不是玛奇朵哦。

玛奇朵（Macchiato）有时也翻译为玛琪雅朵，是传统意式咖啡中的一款奶咖。Macchiato在意大利语中有"标记、做记号、污染"的意思，大致相当于英语中的"marked"，因此玛奇朵就是"被标记的咖啡"。而"标记"它的方式，就是在一杯意式浓缩咖啡中加入一点点用蒸汽打发的粗奶泡。由于意大利的咖啡馆非常繁忙，而客人的需求不尽相同，有些客人要求在意式浓缩咖啡中加入牛奶，但对于咖啡师和侍者来说，加入的牛奶会沉入咖啡中，很难区分。于是，用一点点奶泡标记过，在送出时就不会再搞混了。

传统的玛奇朵使用和意式浓缩咖啡一样的2~3盎司（60~90毫升）的小咖啡杯。由于牛奶量很少，对于咖啡味道的影响不大，基本保留了意式浓缩咖啡浓烈的口感和风味。由于意大利人只在早上饮用卡布奇诺，对于在下午想要一杯口味稍淡的咖啡的人来说，玛奇朵是很好的选择。

然而，"焦糖玛奇朵"其实和传统玛奇朵相去甚远。焦糖玛奇朵是基于一种叫作"Latte Macchiato"（拿铁玛奇朵）的饮品。Latte即牛奶，Latte Macchiato就是"被标记的牛奶"，也就是反过来，在一大杯热牛奶中倒入一点点意式浓缩咖啡。据说在意大利这种喝法只是为了让孩子品尝一点咖啡。不过后来在美国流行起来，并将原本的热牛奶换成了蒸汽打发的奶泡。在拿铁玛奇朵中再加入香草糖浆，淋上焦糖酱，就成了甜甜的焦糖玛奇朵，而传统的玛奇朵几乎是不甜的。下次在咖啡店的菜单上见到玛奇朵时，最好还是先问清楚是哪一种哦。

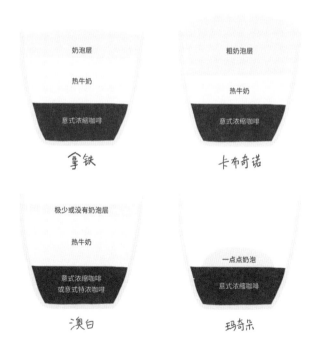

短笛咖啡和可塔朵
就是小杯拿铁？

　　除了澳白和Dirty，短笛咖啡（Piccolo Coffee）和可塔朵（Cortado）也是最近精品咖啡店菜单上的新星。这两种咖啡的最大特点都是杯量小，一般使用2~4盎司（60~120毫升）的小玻璃杯。上面通常都会有漂亮的拉花，让它们看起来像是小杯的拿铁。

　　短笛咖啡，或叫短笛拿铁（Piccolo Latte），确实在一些咖啡馆被称作"迷你拿铁"，源自澳大利亚。由于当地的烘焙师和咖啡师每日需要饮用很多杯咖啡进行测评，于是便发明了短笛咖啡，通过减小杯量的方式，减少咖啡因的摄入，同时减轻过量牛奶带来的乳糖不耐受问题。不过，澳大利亚的咖啡师仍然沿用了意大利语来命名它。Piccolo在意大利语中就是"小、短"的意思，因此Piccolo Latte本意就是小杯拿铁，但Piccolo在英文里则是乐器"短笛"，因此国内就称之为"短笛咖啡"了。在欧洲，短笛咖啡就很难见到了，因为它和源自西班牙巴斯克地区的传统意式奶咖可塔朵非常相似。在西班牙语中，Cortado的意

好咖啡
没有秘密

思是"被切开、被分割的、缩减",即英文中的Cut。将牛奶倒入意式浓缩咖啡中,即用牛奶去"分割""缩减"咖啡,让意式浓缩咖啡的酸度降低,但仍然保留浓烈的咖啡风味。在葡萄牙和拉美地区也可以见到可塔朵。在古巴有一个版本叫作Cortadito,使用甜的炼乳代替牛奶。

短笛咖啡一般使用15～20毫升的意式特浓咖啡作为基底,并加入60～70毫升打发至丝滑绵密的奶泡。咖啡和牛奶的比例在1∶2到1∶4。而可塔朵的传统做法则是在一杯意式浓缩咖啡中加入等量的热牛奶,也就是30毫升单份意式浓缩咖啡加30毫升热牛奶。牛奶经过加热,但没有或只有很少奶沫,也不拉花。因此,相比于短笛,可塔朵的咖啡味道更浓,对于习惯了饮用可塔朵的人来说,短笛咖啡中的咖啡味道显得有些不足。如果说短笛是一杯迷你拿铁,则可塔朵更像是一杯迷你澳白。

和很多奶咖一样,随着在世界范围内的传播,短笛咖啡和可塔朵的具体做法和比例都在变化,不同咖啡师的出品可能完全不同,不同的品牌也以自己的智慧和个性为它们赋予了独特的气质,比如,蓝瓶子咖啡(Blue Bottle Coffee)备受欢迎的直布罗陀(Gibraltar),就是装在利比(Libbey)品牌直布罗陀系列玻璃杯里的可塔朵。

其实,正是在世界范围内的传播、流行和改变,使得咖啡成为千变万化的迷人饮料,给喜欢探索的人们增添了不少的乐趣。同样的故事发生在短笛和可塔朵上,也曾经发生在拿铁、澳白、Dirty和玛奇朵上,也必然会继续发生在更多形形色色的咖啡饮品上。

阿芙佳朵，咖啡
和冰激凌的"双重暴击"

相信很多人在咖啡馆的菜单上看到"阿芙佳朵"时，一定觉得这个名字非常柔美动人，像是某种妖娆而神秘的花，但对它所代表的饮品却一头雾水。不过，如果你想要咖啡和冰激凌的"双重暴击"，那就非要试下它不可。

阿芙佳朵是意大利语Affogato的中文译名（曾有译作阿法奇朵的），意思是"淹没的"，如果你看到它的样子，马上就可以明白它的含义。

在意大利冰激凌（Gelato）上浇上一杯咖啡，冰激凌在咖啡中慢慢融化的样子，看上去就是要"淹没了"，这就是阿芙佳朵。在意大利，你可以在饮品菜单上找到它；在很多意大利餐厅，也不难在甜品菜单中发现它的身影。

传统的阿芙佳朵一定会用意大利冰激凌来制作，它比其他冰激凌所含的乳脂要少，同时，由于搅打缓慢，拌入的空气也更少，因此质地比普通冰激凌更加紧实和坚硬，味道更加突出。制作阿芙佳朵大多选用香草味的意大利冰激凌。将意式浓缩咖啡趁热浇在冰激凌上，一份人人都无法拒绝的阿芙佳朵就完成了。苦和甜、醇厚和清爽、黑和白、热和冷，完全相反的两个元素碰撞在一起，却融合成最完美的甜品。

有些餐厅和咖啡馆在制作阿芙佳朵时，还会额外淋上一些焦糖酱或巧克力酱，或者撒上些巧克力碎、杏仁碎，甚至摆上饼干等作为点缀，以丰富它的味道和口感。有时，酒精度不高的利口酒（比如杏仁酒或百利甜）也会被加入其中。如果你想在家尝试制作，完全可以根据自己的喜好和手头拥有的食材来组合，咖啡可以使用摩卡壶咖啡，冰激凌不一定用意式的，可以换成雪糕，其他的点缀就更可以随心搭配了，说不定会有意外的惊喜呢！

常见意式牛奶咖啡

	拿铁 Latte	卡布奇诺 Cappuccino	澳白 Flat White	玛奇朵 Macchiato
咖啡基底	意式浓缩咖啡	意式浓缩咖啡	2份意式浓缩咖啡或意式特浓咖啡	意式浓缩咖啡
牛奶和奶泡	热牛奶打发至绵密奶泡，奶泡层中等厚度	热牛奶打发至较多粗奶泡，奶泡层厚实	热牛奶打发至非常绵密的细奶泡，奶泡层偏薄或没有	一点点热奶泡
杯型	大玻璃杯或陶瓷杯	中等陶瓷杯	中等玻璃杯	小玻璃杯

咖啡欧蕾 Café Au Lait	可塔朵 Cortado	短笛 Piccolo	脏咖啡 Dirty	阿芙佳朵 Affogato
摩卡壶咖啡、意式浓缩咖啡或浓度较高的滴滤咖啡	意式浓缩咖啡	意式特浓咖啡	意式浓缩咖啡或意式特浓咖啡	意式浓缩咖啡或摩卡壶咖啡
和咖啡同等重量的热牛奶，不需要打奶泡	与咖啡同等重量的热牛奶，牛奶不打发或稍稍打发	2~4倍于咖啡的热牛奶，打发至绵密奶泡	冰牛奶或冰博克牛奶	冰激凌球
大陶瓷杯或陶瓷碗	小玻璃杯	小玻璃杯	玻璃杯（提前冷冻）	任意杯型较多使用玻璃杯

什么是单份、
双份浓缩咖啡？

  如果你经常"泡"在咖啡馆，很可能会听到有些人在点单时跟咖啡师说，"加个shot"。我想你应该不会误会他是要加颗"子弹"吧！那么，什么是"shot"？一个"shot"有多少？翻看《牛津大词典》，在shot一词的众多含义中，可以看到有一条关于饮品的，即"一小份饮料"，特别是烈酒，比如"a shot of whiskey"；也可以指"一小份味道浓烈的无酒精饮品"，比如我们这里用到的"a shot of espresso"。其实，shot一词源于酒吧，虽然其词源仍然有争论（多认为和为烈酒付钱有关），但经过复杂的演变，其指代的就是一小杯可以"一口闷"的高度烈酒（如威士忌、龙舌兰等）。这样的玻璃杯就称为"shot glass"，虽然各国容量不同，但基本都在1盎司，也就是30毫升左右。

  早期阿奇列·加吉亚发明的拉杆式咖啡机的存储水量也是1盎司（30毫升左右），以此就确定了意式浓缩咖啡的标准杯量。同时大概也因为其风味浓烈

 / 好咖啡
没有秘密

如烈酒，用shot来描述就毫不意外了。

　　传统的一份意式浓缩咖啡使用7克咖啡粉，萃取出1盎司（30毫升左右）的咖啡液，在意大利语中称为solo，也就是单份浓缩咖啡（single shot）。相应地，14克和21克即双份［doppio（double shot）］和三份［triplo（triple shot）］，对应60毫升和90毫升咖啡液。不过，随着重量单位的采用和咖啡机的升级，出液量不再需要靠咖啡师肉眼判断，可以更加精准地控制咖啡的萃取。越来越多的咖啡师不再遵循传统的比例而改用精准的粉液比来计算（常用的是1∶2）。各个咖啡店都会根据自己的经验和顾客的口味进行调整。

　　现在，6～10克咖啡粉做出的意式浓缩咖啡都可以算单份，而双份则通常会使用14～18克（甚至20～22克）咖啡粉。很多咖啡馆默认意式浓缩咖啡是双份，如果你特意要求只要单份的话，咖啡师会使用带分流嘴的手柄接到两个杯子里，将其中一杯给你。

　　只要按照相同的粉液比例，单份和双份味道差别不大，不过如果是在饮品中从单份浓缩咖啡改为双份以后，咖啡因含量会显著增加，也使饮品中的咖啡味道更加明显。

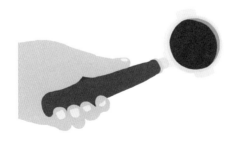

意式特浓咖啡和长萃咖啡

在意大利语中，Ristretto的意思是"窄、受限制"。相比于常规意式浓缩咖啡，意式特浓咖啡（Ristretto）使用相同重量的咖啡粉、相同压力和水温萃取，但使用更少的水，萃取出更少的咖啡液。比如，将粉液比从1∶2调整到1∶1.5～1∶1。假设意式浓缩咖啡使用7～9克咖啡粉萃取15～20毫升咖啡液，意式特浓咖啡则可能只萃取出7～9毫升咖啡液。

减少液量，可以研磨更细的咖啡粉，使水更难穿透咖啡粉，萃取速度减慢，这样在相同时间（25～30秒）内萃取出的液体就更少；也可以在不改变研磨程度的情况下提前结束萃取（比如15秒左右），有人将其称为"只萃取前段"。由于频繁改变研磨度可能造成出品效率降低、品质不稳定，所以这个办法更常见，这样也可以减少更多出现在后段的苦味。不过，为了在澳白或Dirty中凸显咖啡的风味，仍然需要使用双份的意式特浓咖啡。

长萃咖啡（Lungo）则刚好相反，同样咖啡粉量的情况下，萃取时间更长，用更多的水萃取出更多的咖啡液，但口感更稀薄，苦味不减反增，因此欢迎程度较低。不过，也有专业人士认为适当增加水量可以更加完整地萃取出咖啡的风味，比如使用18克咖啡粉萃取40毫升咖啡液。

不同意式浓缩咖啡常用粉液量

	粉液比（常用）	份数	咖啡粉重量	水重量
意式特浓咖啡 Ristretto	1：1	单份	7克	7克
		双份	18克	18克
常规 意式浓缩咖啡 Espresso	1：2	单份	7克	14克
		双份	18克	36克
意式长萃咖啡 Lungo	1：3	单份	7克	21克
		双份	18克	54克

Part
2

怎么做咖啡
——好咖啡，自己做

每个人都可以成为咖啡师。这并不是说你可以轻易地成为一名专业咖啡师，那确实需要不少训练和经验，但做出一杯味道相当不错的好咖啡，其实并没有想象的那么难。只要掌握一些基本规则，你可以以很低的成本，在很短时间内获得不输咖啡店的美味享受。更为重要的是，你可以在自己感觉熟悉和惬意的环境中，在任何自己认为合适的时间，让这样愉悦而美妙的体验发生。想象一下，阳光透过窗子洒落在屋内，冲上一杯咖啡，光线中温暖的热气升腾，香气萦绕房间，猫咪围着咖啡杯走来走去，还有什么比这样的场景更让人舒适的呢。你还可以和家人朋友分享，将快乐和美味带给身边的人。这是你的"咖啡自由"，更是你的生活自由。

速溶咖啡可以
"速溶"的秘密

速溶咖啡，是我的咖啡"初体验"，陪我度过读书、考试和初入职场的那些年。那时出差常常因为旅途劳顿而头痛，所以抵达酒店的第一件事就是在房间内寻找速溶咖啡。

速溶咖啡虽然在很长时间内都和精品咖啡无关，但我们不得不承认，它扮演了我们很多人的咖啡"启蒙"角色。细细长长的一小包粉，撕开口，倒入水中，搅拌一下，一杯香甜的咖啡就好了。很多时候，特别是时间和环境受限时，即便是喝惯了精品咖啡的人也无法拒绝这种堪称极致的便捷体验。

当我们来到精品咖啡的时代，很多人第一次拿到一包咖啡粉或挂耳咖啡时，也几乎是不加思索地将其像冲速溶咖啡一样冲泡，但当我们发现它并不如预料那样可以完美溶解时，通常都是满怀疑惑又小心翼翼地喝下这杯带渣的"现磨咖啡"。这样的经历相信很多人都有过。那么，速溶咖啡和咖啡粉究竟有何不同呢？

虽然名字都叫"咖啡"，颜色、外观也都相似，也确实都含有提神的咖啡因，但速溶咖啡和咖啡粉却有着根本区别。在速溶咖啡被发明出来（19世纪后期）以前，咖啡都是需要用咖啡豆研磨成的咖啡粉来煮的。咖啡熟豆是重要的军需物资，和咸肉、饼干等食品一起被运送到战场上。但是，这样的咖啡，携带、研磨和冲煮对于条件非常艰苦的战场环境来说既费时又费力，显然无法满足需求。于是，速溶咖啡被发明出来，大大改善了这种情况。

将咖啡研磨成粉，然后冲煮并过滤，就得到我们饮用的液体咖啡。咖啡中能够溶解于水的物质基本都溶解出来了，其中就包括我们最需要的——咖啡因。将这样的液体咖啡进行干燥，去掉其中的水分，就得到了包含咖啡因的干燥物质，而它们都是可以溶解于水的，这就是速溶咖啡。

不难看出，速溶咖啡是一种咖啡的提取物，而非其全部。咖啡豆中含有的大量不溶于水的物质（以木质纤维为主）已经被脱除。这就是速溶咖啡可以"速溶"的秘密。

然而，制作速溶咖啡时，虽然可溶物质被保留下来，但很多带来好风味的物质，特别是易挥发的香气物质已经在萃取过程中挥发掉。尤其是传统喷干工艺使用高温蒸发水分，会导致过度萃取，苦味增强，香气散失。虽然包装时会将香气回填，但也难以完全还原。而为了成本考虑，很多速溶咖啡的原料使用了价格更低、风味不佳的罗布斯塔种咖啡豆，进一步损失了风味。

为了弥补风味和口感上的不足，一些速溶咖啡会添加糖和植脂末（通常称为三合一咖啡），这又带来了一定的健康风险（由于工艺的进步，已经不太需要担心植脂末带来的反式脂肪，但仍然建议减少糖的摄入）。

不过，近几年这种情况已经有所改观，随着工艺的进步，速溶咖啡在豆种、工艺和添加物上都做出了很大改进，风味上也在追赶现磨咖啡。如果你看重便捷性，选择速溶咖啡时，只需要对配料表多加留心就可以了。我最近一次坐飞机，空乘发放饮料时我要了一杯咖啡，那是一杯颜色极浅、加了植脂末的速溶咖啡。我小心翼翼地尝了一口，甜甜的，一点也不苦，是学生时代熟悉的味道。在飞机的轰鸣声中，拥挤的机舱内，逼仄的座位上，那一刻我觉得，它还挺好喝的。

好咖啡
没有秘密

冻干咖啡

冻干咖啡也许是个新名词，但冻干技术并不是最近的创新。早在15世纪甚至更早，南美洲的印加人就发明了以冻干方式储存土豆等食物的做法。第二次世界大战期间，冻干工艺开始应用于血浆和药物的保存。今天，冻干工艺已经被广泛应用于食品、饮料、药物、护肤品等多个领域。1965年，雀巢公司发明了冻干咖啡，就是我们今天依然可以见到的金牌咖啡。

冻干咖啡的工艺，就是将咖啡豆烘焙、研磨和萃取后，将咖啡液进行浓缩，在-50～-40℃的低温中进行冷冻，形成形似巧克力的咖啡薄片，然后在真空环境中，让其中的冰不经液态直接升华为气态，剩下的就是干燥的咖啡颗粒或粉末了。相比普通喷干的速溶咖啡，其风味得到更好地保留。而且用冻干工艺生产的咖啡，内部结构疏松、多孔，呈海绵状，更加容易溶于水，即便是冷水也可以快速溶解。

一些"冷萃"冻干咖啡，采用低温萃取和浓缩，全程低温生产，咖啡风味损失更小。不过，由于冷萃需要耗费更长的时间，成本和定价自然就更高。

滴滤咖啡和手冲咖啡，
别再傻傻分不清

　　"滴滤咖啡"似乎是个很让人困惑的名词。比如星巴克的"当日咖啡"也称作"滴滤咖啡"，而一些手冲咖啡或者挂耳咖啡，也会写着"滴滤咖啡"。那么，什么是滴滤咖啡？滴滤咖啡等于手冲咖啡吗？

　　首先，让我们回到最初，看看咖啡是如何被萃取的。

　　在人类发现咖啡可以饮用并有提神醒脑的功效以后，相当长的一段时间里，咖啡都是"煮"的。将烘焙后的咖啡豆研磨成粉，直接丢入壶中，煮开后倒出（甚至可能不经过滤）就可以饮用。今天你仍然可以在埃塞俄比亚或土耳其街头看到用Jebena（咖啡陶壶）或Ibrik（铜制咖啡壶）现煮的咖啡。这是"煮"咖啡。

　　18世纪时，欧洲人发明了一种浸泡咖啡的方式，将咖啡粉用布包住，沉入热水中，直到浓度、口味合适时取出。后来发明的法压壶（French Press）也是类似的原理。现在一些不提供咖啡机的老派酒店还会为住店客人提供咖啡粉包和法压壶。这是"泡"咖啡。

19世纪美国人发明了渗滤壶（Percolator），水从下壶穿过中间的咖啡粉流入上壶，不过不同于摩卡壶，咖啡液还会流回下壶，如此往复，高温和反复煮制让咖啡风味很糟糕。这还是"煮"咖啡。

"煮"的咖啡总是无法避免由于水温过高和反复加热导致的过度萃取，"泡"的咖啡虽然明显更好，但也会有咖啡渣混入杯中，影响口感。1908年，由于不想再忍受糟糕的咖啡，德国的梅丽塔·本茨（Melitta Bentz）女士经过试验，利用儿子练习册的吸水纸，发明了一种新的咖啡萃取方式。将吸水纸放在一个打孔的金属托盘上，下面放杯子，将咖啡粉置于纸上，再用热水浇在咖啡粉上，得到一杯口感干净的咖啡。这就是"滴滤咖啡（Drip Coffee/Filter Coffee）"。

显而易见，梅丽塔发明的"滴滤咖啡"是用手拿着壶倒热水，就是名副其实的"手冲咖啡"。后来梅丽塔的公司又将滤纸不断进行改进，直至今日仍然在销售手冲咖啡滤纸和其他咖啡器具。

自动滴滤咖啡机（Drip Coffee Maker）虽然常被称为美式咖啡机，其实并不是美国人发明的。世界上第一款自动滴滤咖啡机的专利是由德国人戈特洛布·维德曼（Gottlob Widmann）在1954年注册的。20世纪70年代后，经过改进，滴滤咖啡机由咖啡先生（Mr. Coffee）等品牌在美国广泛推广并大获成功，代替了美国家庭之前普遍使用的渗滤壶，成为美国厨房必备的标志性器具。相比于美国以前的渗滤壶，滴滤咖啡机制作咖啡方便快捷，滤纸用过即扔，做出的咖啡口感纯净，味道也大有改进。渐渐地，滴滤咖啡就被用来特指滴滤咖啡机做出来的咖啡，以与欧洲流行的意式浓缩咖啡相对。

手冲咖啡的工具也不断有所创新，比如1941年诞生的Chemex咖啡壶，也曾大受欢迎。不过相对于滴滤咖啡，手冲咖啡一直比较小众。直到2000年，随着"精品咖啡浪潮"的兴起，手冲咖啡以其自由的控制、高度的可玩性作为适合展现精品咖啡风味的方式重新流行起来。

不难发现，滴滤咖啡最早就是以手冲的方式萃取的，只是随着滴滤咖啡机的流行，常常被用来特指用这种咖啡机制作的咖啡。其实，从理论上说，依靠水的重力，使水流穿过滤纸（滤网）上的咖啡粉层进行萃取的咖啡制作方式，无论是滴滤机咖啡，还是手冲咖啡，甚至冰滴咖啡，都可以算作是不同形式的"滴滤咖啡"。

好咖啡
没有秘密

滴滤咖啡机可以做出好咖啡吗？

滴滤咖啡机萃取咖啡的原理和手冲咖啡基本相同，都是使用热水向下流入研磨好的咖啡粉中进行萃取，咖啡液经过滤纸或金属滤网过滤后，进入下方的玻璃壶中。

通常在餐厅或酒店喝到的滴滤咖啡并不好喝，排除咖啡粉本身品质的问题，常见的原因有以下几个：滴滤壶（特别是价位偏低的家用机）水温不够高或不稳定，导致萃取不足或不均匀；滴滤壶容量大，当开启保温功能为没喝完的咖啡保温时，长时间加热咖啡味道会变差；冲煮头设计不合理，比如出水孔较少（有些甚至只有一个）且集中，会导致萃取不均匀；使用金属滤网而非滤纸，会有细粉渗出，稍微影响口感。

因此，在选购滴滤咖啡机时，就需要注意其水温控制，冲煮头的出水孔数量、分布以及冲水方式等。高品质的滴滤咖啡机往往会有更多可以调节的选项，只要控制好咖啡的粉水比、水温、研磨度和冲煮时间，滴滤咖啡机也可以做出一杯味道不错的好咖啡。现在更有一些创新设计的滴滤机，尽可能模拟了手冲咖啡，风味得到大大改善，当然价位也更高。

手冲咖啡，咖啡店里的
当红明星

自"精品咖啡浪潮"袭来，手冲咖啡已经成为咖啡店里的明星了，无论是连锁咖啡店还是独立精品小店，手冲咖啡一定会出现在菜单上，吧台上也一定会有手冲咖啡专用的区域。与此同时，社交媒体上，手冲的教程铺天盖地，各种说法甚至"流派"也多到让人眼花缭乱，甚至成为很多人眼中的"玄学"。那么，手冲咖啡到底是怎样"冲"的？

手冲咖啡，如上一篇提到的，是依靠重力，水流穿过滤纸（滤网）上的咖啡粉层进行萃取的一种手工滴滤咖啡。因此，其中必备的器具就是滤杯、滤纸（滤网）、注水的壶和盛放咖啡的容器。当然，有的器具将滤杯和盛放咖啡的容器融合为了一体，更加节约空间。另外，如果要自己研磨咖啡豆或更加精确地控制粉水比，还需要磨豆机和电子秤。

在滤杯中放入滤纸，将研磨好的咖啡粉倒入滤纸中心，然后注入热水，等待咖啡液全部滤出，一杯香气扑鼻的手冲咖啡就做好了。如此看来，手冲咖啡再"简单"不过了。

不过，如果只是简单地按照这样的指引来操作，还不能充分发挥出咖啡豆的潜力，也无法每次都得到同样好喝的咖啡。因为这其中每个环节和器具的变量实在很多。譬如，用多少豆子？研磨至怎样的粗细？使用什么形状和材质的滤杯？什么材质的滤纸？热水是刚烧开的还是温热的？这些问题并没有标准答案，甚至变量之间还会相互影响，比如滤杯的选择又会影响研磨度，研磨度的调整也需要合适的水温来配合等。如此种种，对于最终杯中的咖啡风味都会有相当大的影响。这就是手冲咖啡"难"的地方了。而随着我们对咖啡的了解越多，就发现越多的变量对咖啡风味有影响，如水的矿物质含量，咖啡粉的分布方式等。同时，更多新颖的器具和冲煮方式被开发出来，让咖啡变得好喝的方式更多了，但做咖啡似乎也更难了。

还记得多年前，我第一次在家做手冲咖啡时，对咖啡知之甚少，也只有几样简单的器具，咖啡豆也不过就是巴西、哥伦比亚或曼特宁这样的普通豆子。不过这样冲出的咖啡在当时已经足够让我欣喜了。对于普通咖啡爱好者来说，要在家喝一杯不错的手冲咖啡，大可以先按照最简单的程序来操作，相信你一定会惊讶于你所得到的成果。如果不满足于此，后面的内容还会提供一些建议供你参考。

挂耳咖啡

挂耳咖啡由日本企业在20世纪90年代发明，是手冲咖啡的一种简易和便携的方式，灵感来自茶包。挂耳咖啡使用无纺布材质来制作盛放咖啡粉的包装袋，这样就将滤纸和包装袋合二为一，一举两得。不需要滤杯，只需将挂耳包撕开，贴在两侧的纸质"耳朵"挂在任意（尺寸合适的）杯口，就可以直接注水和萃取了。不过，因为是预先研磨的咖啡粉，需要尽量选择日期新鲜的产品或是有氮气保鲜的产品。其实，你也可以自己购买新鲜的咖啡豆或咖啡粉，并购买空的挂耳包，需要时再分装出来。挂耳咖啡的口比较小，注水时尽量小心，避免水溢出，水流也不要太快，避免挂耳包滑入杯中。

用手冲的方式向咖啡粉注水，可使咖啡粉充分接触到水，萃取快速高效，同时可以充分激发其香气和风味，这就是和手冲咖啡一样的"滴滤式萃取"。其实，即便只是简单地将挂耳包直接浸泡在水中，也同样可以得到美味的咖啡，这类似法压壶的"浸泡式萃取"。不过所需萃取时间较长，香气也稍弱，还可能会带入少许纸味。浸泡时轻轻晃动挂耳包，可以让萃取更加均匀。

手冲咖啡到底能不能加奶?

　　身边有些朋友只喝黑咖啡,也有一些人不能接受黑咖啡的浓烈味道,非奶咖不喝。他们在接触手冲咖啡或挂耳咖啡后,仍然保持着加奶的习惯。而这样的习惯在一些精品咖啡爱好者眼中是完全不可接受的,他们不厌其烦地提醒对方,手冲咖啡不能加奶!真的是这样吗?

　　咖啡馆里的拿铁、卡布奇诺、澳白等奶咖,都是用味道浓烈的意式浓缩咖啡制作的,在加入经过蒸汽打发的牛奶以后,咖啡的味道依然非常浓郁,表层有一层棕褐色的泡沫,搭配上精美的拉花,让人无法拒绝。

　　与意式浓缩咖啡相比,手冲咖啡使用的水量则相对大很多,浓度低,更适合作为黑咖啡直接入口。如果再加入牛奶,会进一步稀释,虽然不影响咖啡因的摄入,但咖啡和牛奶都偏单薄、寡淡,口感上会过于"水"。

另外，手冲咖啡常用单品咖啡豆来制作，可以品尝到产地风土细微的独特风味，感受到不同处理方式、烘焙程度带来的不同味道。加入牛奶大概率会将这些风味掩盖掉，也就失掉了品尝手冲咖啡的一大乐趣。

不过，什么样的风味和口感适合你，终究还是自己说了算。有一些手冲咖啡，包括挂耳咖啡，对于初次品尝或自己制作的人来说，味道可能不尽如人意。不论是因为产地的原因，还是因为烘焙和冲煮的原因，只要你感觉到它过苦、酸涩，或者有任何奇怪的味道，难以入口，添加一些水或牛奶都是合适、合理的补救方式。你当然可以多给它一些机会，或者用其他方式来调整，但没有必要挑战自己的味蕾，怀疑自己的偏好。

因此，如果条件有限，只有手冲或挂耳咖啡，又想要一杯奶咖，可以考虑这些方式改进：选用深度烘焙的咖啡豆；将咖啡豆研磨得细一点；用更高的水温萃取；调整粉水比，用更少的水萃取咖啡。或者也可以考虑提高牛奶的浓度，比如选用奶粉调配较浓的牛奶或者直接添加到咖啡中；用淡奶油或炼乳代替牛奶，或用制作冰博克的方法制作浓缩牛奶。这样调整过后的奶咖虽然和咖啡馆拿铁等相比仍然有很大差异，但也可以在口味上取得不错的平衡。

/ 好咖啡
没有秘密

一杯咖啡要用掉
多少咖啡豆？

做一杯咖啡需要多少咖啡豆？这个看似不成问题的问题，还是会困扰一些刚入门的新手，拿到豆子的一刻，他们不禁会问，要喝掉多少咖啡豆，才能让我打起精神，从容地度过一个忙碌的早上？是用量勺舀，还是用秤称？抑或是靠数豆子？

过去无论是制作意式浓缩咖啡还是用渗滤壶等其他做法，使用的咖啡豆都比较少，一般为7~10克。比如传统的意式浓缩咖啡，单份和双份的粉碗容量分别是7克和14克。随着人们对咖啡因的需求增大以及大杯咖啡的流行，现在的意式咖啡机更多采用单份8~9克、双份16~20克的粉碗，很多咖啡店也默认在饮品中使用双份甚至更多的意式浓缩咖啡。

对于手冲咖啡来说，自由度则大得多。单人份用10~20克甚至更多的咖啡粉，都完全由你说了算。只要考虑好滤杯的容量，同时注意粉水比（参考下一篇内容），你就可以得到一杯好喝的咖啡。一般的建议是单人份咖啡使用10～15克咖啡粉，按1∶15～1∶17的粉水比冲煮，得到150～255毫升咖啡。如果有一个合适的杯子，你完全可以反过来，根据杯子的容量来计算，比如200毫升的杯子，按照1∶16的粉水比，需要12.5克（200÷16=12.5）咖啡粉。

不过，你更应该注意的是摄入咖啡因的量。根据科学家的建议，一天摄入咖啡因最好不要超过400毫克，而一杯用10～15克咖啡豆制作的咖啡，咖啡因在60～100毫克，也就是说，最好每天不要饮用超过四杯咖啡。如果你喜欢很浓烈、味道足的咖啡，一次用20克甚至更多的咖啡豆，那一天两杯也就可以了。相反，如果你享受喝咖啡，喜欢喝很多杯，就应该每次都尽量减少咖啡豆的用量。

你肯定注意到了，我这里使用的单位都是克，而非其他单位。以前意大利咖啡师会通过肉眼判断一杯意式浓缩咖啡是否达到了1盎司（30毫升左右）的液体量，不过由于肉眼的误差和咖啡表面的克丽玛，准确性完全依赖咖啡师的个人经验。现在的咖啡师则都倾向于使用更加精准并容易横向比较的重量单位——克。对于咖啡豆或咖啡粉来说也是如此，量勺受限于咖啡豆/粉膨松度的差异，非常不精确。数豆子也是一样，劳神费力不说，不同的咖啡豆密度不同，重量的差异也会大到让你惊讶。一颗咖啡熟豆的重量在0.1～0.2克，15克咖啡豆的数量则可能会在75～150颗。埃塞俄比亚的原生种和中美洲象豆的差异，甚至会让你怀疑它们是不是同一个物种。当然，如果感兴趣的话，也不妨数一数你的咖啡豆，作为慵懒午后的消遣游戏。

如何选择咖啡电子秤

电子秤可以帮助我们更加精确地称量咖啡豆/粉和水的重量，控制粉水比，并在冲煮过程中实时查看注水进度，建议家中常备。

选购电子秤首先要考虑的是称重准确而快速。特别是对于意式浓缩咖啡来说，对于精度的要求更高。相比精度为0.1克的秤，1克的秤不仅误差更大，而且示数变化的间隔也拉长了，很容易注水过量。即便精度同样是0.1克的秤，示数速度也有不同，示数快的秤在注水结束后数字马上停止跳动，而示数慢的秤数字变化则有明显的迟滞感。

电子秤的按键需要功能明确且有清晰反馈。机械实体按键则更加可靠，质量过硬的触摸按键也可以选择。一些秤为了设计感，减少按键，让每个按键集成了多个功能，可能会增加误操作的概率。

很多专业咖啡秤带有计时功能，有些还可以自动计时，非常方便。不过，搭配手机的计时功能同样可以掌握流速，因此并非必要。

自动关闭电源的功能可以帮助节省电量，不过需要注意自动关闭的时间是多久，避免出现在手冲闷蒸阶段或咖啡机预浸泡时电子秤就提前关闭的尴尬情况。

防水功能是加分项，特别是显示屏区域防水。制作咖啡很有可能将水洒到电子秤表面，从而引发短路、失灵等。

有些电子秤还增加了蓝牙或无线信号连接手机进行观察和记录的功能，实时显示重量变化曲线。不过其售价相比普通电子秤就高出很多了。

制作咖啡的粉水比是什么？
多少合适？

为什么有些咖啡虽然淡，但却很苦；有些咖啡虽然浓，但滋味平淡？其中非常关键的因素，就是冲煮时的粉水比。同样的咖啡豆，用不同的粉水比冲煮，可以得到风格完全不同的两杯咖啡。合适的粉水比是让一杯咖啡好喝的关键因素之一。

粉水比（Coffee to Water Ratio），萃取咖啡时所需要的咖啡粉和水的比例，通常用1：X表示，X即每1克咖啡粉对应需要的水的重量。比如粉水比为1：20，则15克咖啡粉需要300克的水。

试想一下，在其他条件相同的情况下，用20克水和200克水分别冲煮两份10克的咖啡粉，得到的效果显然截然不同。用20克水冲煮时，咖啡的浓度非常高，但由于水量太少，不能充分萃取咖啡中的可溶物质，只能将咖啡粉表层更易溶于水的部分萃取出来，得到的咖啡酸度很高，味道单一，萃取不足。而用200克水冲煮时，萃取则非常充分，甚至连一些很难萃取且我们也并不想要的苦味物质都萃取出来了，造成了过度萃取，但浓度却很低，这样的咖啡既稀薄又苦涩。

那么，怎样的粉水比才合适？20世纪50年代麻省理工学院化学教授洛克哈特（E. E. Lockhart）领导了一系列研究，通过大量问卷调查得到了当时普通美国人对于咖啡口味的偏好。在后来的几十年中，这一偏好基本没有变化且被证实在其他国家也适用，这就是"金杯"标准。而要实现金杯标准，需要粉水比在1∶15 ~ 1∶20。目前精品咖啡协会SCA推荐的粉水比也在这一范围内。最常见的推荐粉水比是1∶15 ~ 1∶16，即15克咖啡粉对应225 ~ 240克水。

除了以手冲为代表的滴滤式萃取方式，其他萃取方式需要相对应的粉水比。比如，法压壶由于采用浸泡进行萃取，咖啡粉接触水的面积大，所以可以减少水量，粉水比在1∶12 ~ 1∶15就可以；冷萃咖啡由于水温很低，萃取需要更长时间和更多咖啡粉，1∶5 ~ 1∶8的粉水比则更适合；而意式浓缩咖啡由于使用高温和高压，萃取效率极高，粉水比大致在1∶2 ~ 1∶3。

另外，我们还需要时刻记得，粉水比并不是唯一决定萃取效果好坏的因素，水温、萃取时间、咖啡研磨度、萃取方式等也同样会影响萃取。萃取时一个变量的调整可能需要其他变量相应地调整。

金杯

　　与其说"金杯（Golden Cup）"是一套标准或规则，不如说它其实是人们对于一杯好咖啡的感知的"最大公约数"。

　　"金杯"的核心是由一杯萃取完成的咖啡中总溶解固体（Total Dissolved Solids，简称TDS）和咖啡的萃取率（Extraction Yield）定义的。TDS代表强度，即咖啡浓度，是指一杯咖啡中除了水以外的物质（来自咖啡中）所占的比重，简单来说，TDS数值高表示咖啡浓，低表示咖啡淡。根据调研得出的理想TDS值区间落在1.15%～1.35%。而萃取率则代表溶解出的物质占所用掉的咖啡豆重量的比例。咖啡豆中可溶性物质总共在30%左右，而理想萃取率在18%～22%。过高则过度萃取，过低则萃取不足。

　　除了粉水比，水温、咖啡研磨度、萃取时间、水质和冲煮手法等都会影响实际萃取的结果。"金杯"理论中也包括了这些内容，比如，水温建议93℃±3℃，适当搅拌或晃动以萃取均匀，根据研磨度选择萃取接触时间以及选择合适的过滤介质等。

　　要实现精准测量TDS和萃取率以前是非常困难的，研究人员需要将萃取后的咖啡烘干，以得到其中溶解的物质，费时费力也不准确。现在借助一些测量仪器，就可以很容易地知道其是否满足金杯标准了。

　　不过并不是说满足金杯标准的咖啡就是最好喝的，也不是说只有符合金杯标准才是好喝的。一杯咖啡是否好喝，最终还是由每个人自己的味蕾和大脑说了算。

金杯标准

	萃取率低	萃取率中	萃取率高
浓度高	浓、强 酸、余韵短	浓、强	浓、强 苦、涩
浓度中	酸、余韵短	金杯 理想、平衡、 甜感高	苦、涩
浓度低	淡、弱 酸、余韵短	淡、弱	淡、弱 苦、涩

浓度
一杯液体咖啡中包含的溶于水中的咖啡物质的占比。

萃取率
萃取出的咖啡物质在所使用的咖啡豆重量中的占比。

咖啡豆研磨粗细对咖啡
有什么影响？如何选择？

将几十颗完整的咖啡豆丢入水中制作咖啡，就像用完整的番茄和鸡蛋做番茄炒蛋一样让人抓狂。一颗颗完整的咖啡豆很难被萃取，几个世纪以前的人就知道要将咖啡豆磨碎、捣碎或者碾碎，时至今日，埃塞俄比亚的传统咖啡做法，还是用类似石臼一样的东西将刚刚炒熟的咖啡豆舂碎。

将咖啡豆研磨成颗粒或粉状，可以大大增加咖啡豆与水的接触面积，从而大大提升萃取效率，也就是让咖啡中的可溶性物质更容易进入水中。咖啡研磨得越粗，和水的接触面积就越小，萃取就越缓慢，效率就越低；反过来，咖啡豆研磨得越细，和水接触面积就越大，萃取就越快，效率就越高。

咖啡的研磨度还会影响水通过其中的流速，从而影响萃取发生的时间长短（即咖啡粉和水接触的时长）。可以类比石头和沙子，石头颗粒大，中间的缝隙就很大，水就会很快地从中穿过流出；而沙子则非常密实，水很难穿透。因此，如果用水冲研磨较粗的咖啡颗粒，萃取效率本身就很低，而水流速又很快，水和咖啡的接触时间很短，萃取出的物质就更少，会导致"萃取不足"；相反，如果研磨得很细，本身萃取效率很高，而密实的咖啡粉又将水困在其中，拉长了萃取时间，就会导致"过度萃取"。

萃取不足的咖啡味道寡淡，酸味突出，甚至可能带有一点咸味；而过度萃取的咖啡苦味强劲，还有涩感。因此，研磨度、萃取时间、水的流速要达到平衡，才能得到最佳风味。

简单来说，研磨度越粗，就需要更长的萃取时间或浸泡式萃取；研磨度越细，萃取所需的时间就越短。这也就是为什么制作时间在8小时以上的冷萃咖啡要求用较粗的研磨度，而不到30秒的意式浓缩咖啡需要极细的咖啡粉了。不过，相比于仅仅依靠水的重力就可以穿透咖啡粉进行萃取的手冲咖啡，意式浓缩咖啡需要施加额外的巨大压力，水才能穿透密实的咖啡粉。

根据冲煮方式和器具不同，需要选择不同的咖啡研磨度。不过，"粗""中""细"这样模糊的词汇显然无法满足我们对于咖啡研磨度的描述要求。除了不断进行调整和尝试以外，专业人士会利用筛网等工具准确地衡量研磨度，而对于普通人，也可以在日常生活中找到一些参考（参见下表）。

冲煮方式	研磨度	参考
冷萃	粗	鸡精、玉米糁
法压壶	偏粗	面包糠、粗砂糖
手冲	中等或偏细	芝麻、砂糖
摩卡壶	细	食盐、细砂糖
意式浓缩咖啡机	极细	胡椒粉、孜然粉

此外，研磨粗细只是大致的范围，由于咖啡豆结构不均匀和磨豆机性能不同，研磨中必然会有粗细不同的颗粒，有些极粗，另外一些极细。粗颗粒的比例越高，萃取不足的可能性就越大，而细粉的比例过高，则面临过度萃取的风险。因此，一台品质过硬的磨豆机，可以使研磨度更加均匀，对于提升咖啡风味确实有不小的帮助。

细粉

细粉（Fines）并不是刻意研磨出来的，而是目标研磨度之外的副产品（意式浓缩咖啡或土耳其咖啡极细的粉并不是这里讨论的细粉）。

细粉是没有办法完全杜绝的。将咖啡豆从大颗粒分解为小颗粒时，自然会由于其形状不规则、内部结构复杂、受力不均匀等原因，崩解出一部分小颗粒。这部分细粉可能会占相当大的比例。研磨度越细，细粉就会越多，正如用锯子锯木头，锯的木头块越小，碎木屑也就越多。

细粉颗粒极小，在遇水时很快就被完全萃取，从而极容易过度萃取，给咖啡带来杂味和苦味。在手冲咖啡时，细粉还会向下沉到滤杯底部，导致滤纸堵塞，以致水流不畅，容易过萃。不过，也有不同意见认为，细粉过萃带来的影响不大，却可以带来风味的层次感和复杂度，同时增加口感的醇厚度。还有研究认为，大部分细粉会黏着于更大颗粒的咖啡粉上，防止大颗粒被过度萃取。

在制作手冲咖啡时，为了获得更好的咖啡研磨度一致性，有些人会用筛粉器将细粉过滤掉（或仅过滤掉其中极细的部分），以使咖啡风味更纯净。此外，使用更好的磨豆机（比如刀盘更大的）可以明显提升研磨的一致性。选择烘焙度更浅的咖啡豆也可以在一定程度上减少细粉。

如何选择磨豆机？
用料理机磨豆行吗？

　　和很多人一样，我的第一台磨豆机是一台简单小巧、有两片可以飞速旋转的刀片的电动磨豆机，已经记不得是自己购买还是购买其他器具时商家赠送的了。后来我才知道，这种磨豆机是"桨叶式"的，也被很多人称为"砍豆机"。除了磨咖啡，五谷杂粮和香料也不在话下。其实，这也是我现在还留它在橱柜里的原因。

　　最初，咖啡豆是用石臼捣碎的，时至今日在埃塞俄比亚还保留着这样的做法。这样显然无法控制咖啡豆的研磨度。你要么简单捣几下，得到一些大小极不均匀的咖啡颗粒，要么一直捣下去，直到耗尽力气，将它研磨成极细的粉末。

　　桨叶式磨豆机其实也有同样的问题。它利用电机带动刀片飞速旋转，对咖啡豆进行切削。这种磨豆机往往只有一个按键，按住后几秒内就可以将咖啡豆粉碎。但刀片旋转时能接触到哪些咖啡豆，随机性极大。如果你手边刚好有一台，可以磨两三秒，然后打开看一下那时的研磨度。我们只能通过按住按键的时间长短来改变研磨度，按下的时间越久，研磨得越细，但很可能就超过了你需要的研磨度，比如，法压壶或手冲咖啡就需要较粗的研磨度。桨叶式磨豆机也会产生过多的细粉，在手冲咖啡时可能会堵塞滤纸，导致过萃。另外其"砍豆"时非常容易产生热量，会加速咖啡粉氧化。因此一般不建议使用。厨房的料理机，虽然功能复杂了很多，但本质上和桨叶式磨豆机无异，还可能会出现串味的问题，当然也就不建议了。

由于咖啡豆结构不规则，所以在研磨时受力不均匀，会产生粗细不同的颗粒。好的磨豆机可以让多数颗粒的粗细程度集中在设定的范围，而粗粒和细粉则相对较少，也就是一致性更高。如果粗粒和细粉过多，则会带来萃取不足或过度萃取的问题。

除了一致性，研磨度是否可以精准调节，研磨过程中产生的热量、噪声以及残留咖啡粉的多少等也是需要考虑的因素。

除了桨叶式磨豆机，其实，真正靠谱的是刀盘式磨豆机，它的刀盘又可以根据形状分为平行刀盘（简称平刀）和锥形刀盘（简称锥刀）。

平刀有两个平行且面对面的带齿环形刀盘，调节两个刀盘的间距就可以改变研磨度。咖啡豆进入中心后，被刀盘上的齿从粗到细逐渐研磨，并在离心力作用下向外移动直至飞出。平刀需要的动力很大，转速也更高，研磨快，因此更容易发热，产生更大的噪声和静电。同时，平刀的残粉相对较多。另外有一种所谓的"鬼齿"磨豆机，也是平刀的一种，不过它的刀齿形状特殊，有数个环状排列的小凸起。

锥刀的刀盘也有两个，内外嵌套，内部锥形刀盘外侧和外圈内部有齿，中间的间隙大小决定研磨度。咖啡豆进入刀盘后，由上至下被研磨，然后依靠重力掉出。锥刀所需的力相对较小，因此手摇磨豆机通常都采用锥刀。其转速较低，发热较少，噪声小，价格也相对更低。

平刀和锥刀各有优势。一般认为平刀研磨的咖啡味道更直接、一致，适合手冲咖啡，而锥刀的则比较圆润、复杂，更适合传统意式浓缩咖啡。不过也并不绝对，一些顶级的平刀磨豆机也非常适合制作意式咖啡。

我的"砍豆机"还在时不时发挥它的作用。无论是制作粉蒸肉的米粉，还是调配自制的咖喱粉，我都用得上它。虽然我可能再也不会用它磨咖啡豆了，不过，我依然会记得是它让我第一次闻到了自己亲自研磨的咖啡香味。尽管那一刻的惊喜和满足一去不复返了，但是，那，才是最初的起点。

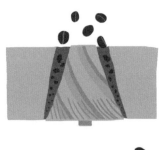

好咖啡
没有秘密

手冲咖啡要先润湿滤纸，
只是为了仪式感吗？

    我开始在家自己手冲咖啡的几星期后，第一次在北京胡同深处的某家咖啡店点了一杯手冲咖啡。老板将滤纸折好并放在滤杯上后，用手冲壶将热水均匀缓慢地浇在滤纸上，然后再仔细地用手一点点将湿润的滤纸和滤杯贴合上。这一精致而富有仪式感的操作对那时的我来说非常新奇，因为在那之前，咖啡书上并没有告诉我需要这样做！

    首先，润湿滤纸的目的是冲掉滤纸本身的味道。原木色的原浆滤纸没有经过漂白，保留了竹木的原色，看起来非常自然，很多店家喜欢使用。不过这样的滤纸也有更大的纸味，如果直接冲煮，会影响咖啡的风味。用适量热水将滤纸润湿，就可以去除掉这样的杂味。经过漂白的白色滤纸纸味很小，不需要润湿就可以直接放粉。我最初使用的就是这种漂白过的滤纸，所以没有感觉到很大的味道。

其次，润湿滤纸可以让滤纸和滤杯更加贴合。由于滤杯内部通常都有一定形状的纹路，以保证冲水时排气，同时调节水流的速度。滤纸完美贴合滤杯，就可以保证气流按照滤杯设计的既定方向排出。如果滤纸松散地随意放置在滤杯中，注水时可能会影响水流的方向和速度，使萃取不均匀。

最后，如果不提前润湿滤纸，开始注水后，首先被萃取出的一点咖啡会被滤纸吸收，而不是进入杯中，这样也会影响咖啡的最终风味。提前用清水润湿滤纸，就可以避免这种情况。

润湿滤纸还有一个附带的重要作用，就是将滤杯和盛放咖啡的容器提前进行预热。预热可以减少萃取时的热量散失，保证水温的稳定性，从而实现充分萃取。

所以，关于要不要润湿滤纸，相信你已经有自己的判断了。

/ 好咖啡
没有秘密

如何选择滤纸？

选择合适的咖啡滤纸，首先需要注意和滤杯匹配。V60锥形滤杯、扇形滤杯、蛋糕滤杯和Chemex咖啡壶等，都要使用相对应的滤纸。这一点可以在购买时和卖家确认。

其次，关于滤纸的颜色。原木色滤纸没有经过漂白，呈现的是纸浆原材料木质本身的淡棕色，更加自然，完全无须担心漂白剂对人体健康和环境的影响，但使用时可能会有少量的木质味道进入咖啡，影响咖啡风味。只要在使用前用热水充分润湿，就可以大大降低杂味。而白色滤纸是原木纸浆经过漂白而成的，这样的滤纸杂味很小。过去人们认为漂白剂会有残留，可能对健康造成影响，且生产过程对环境的污染也很严重。不过，现在多数漂白工艺是氧化漂白（日本称酸素漂白）而非传统的氯化漂白，对环境的影响已经大大降低，对人体健康也是无害的。

需要注意，滤纸最好储存在通风良好的位置，不要放在封闭的柜子中，它们很可能会吸收环境中的杂味。

你还在用开水
冲咖啡吗？

磨好了粉，水也刚好烧开了，已经等不及要冲咖啡了！不过这样真的合适吗？

其实，冲咖啡，并不是水温越高越好。

咖啡中的各种物质在不同温度时的溶解度不同。比如，在20℃的室温下，蔗糖在水中的溶解度为200克，柠檬酸为150克，而咖啡因则只有4克。随着温度的改变，不同物质的溶解度会有很大改变。咖啡因在70℃时在水中的溶解度上升到10克，而在100℃时则可以升至65克。

多数固体物质的溶解度随温度升高而增大，但溶解的所需温度却不同。咖啡中带有苦味和涩味的物质需要很高的温度才能溶解，而酸性物质在温度较低时也能很好地溶解。因此，温度过高时，会造成苦味和涩味物质过多，即"过度萃取"。当然，走到另一个极端，用温水或冷水冲咖啡，也不是什么好主意。温度过低时，很多物质无法被萃取出来，酸味则会突出，风味单薄，即"萃取不足"。

气体物质则相反，温度越高，溶解度越低，挥发出来也就越多。咖啡中很多香味物质都是易挥发的，在高温时更加容易挥发出来，被我们的嗅觉捕捉，闻到咖啡香；而在低温时，这些物质溶解在水中，我们就闻不到了。这也是冷萃咖啡通常不香的原因。

除了溶解度以外，更高的水温会使水分子运动更加活跃，更容易渗透进咖啡的孔隙中，将物质（比如油脂）萃取出来。

根据大量经验总结和测试，业界一般建议的咖啡萃取水温是 93±3℃，即90～96℃。这样既可以保证酸、甜、苦等风味相对平衡，又能得到充足的香气，还可以萃取出足够的咖啡因。

需要注意的是，随着时间推移，水温可能会下降很快。三分钟的萃取时间内，水温可以从96℃降到80℃甚至更低。稍不注意，水温就可能低于合适的范围。

对于不同烘焙程度或密度的咖啡豆，最好对水温进行微调。比如深烘或低海拔的咖啡豆质地膨松，容易萃取，因此需要适当降低水温，而浅烘或高海拔的咖啡豆质地密实，则要调高水温。

如果你没有精准控制水温的水壶或温度计，可以在水烧开后等待1～3分钟，这时的温度大致可以满足要求。

闷蒸，让手冲咖啡
"开花"

第一次看到"闷蒸"一词时，我脑子里的第一反应是"桑拿"。这当然是个可笑的想法。手冲咖啡的闷蒸并不是给咖啡豆来个"桑拿浴"使其"出汗"，而是给新鲜咖啡豆"排气"。

闷蒸来自日语"蒸らし"，是指在手冲咖啡（有时也包括法压壶制作咖啡等方式）的开始阶段，先用少量热水将研磨好的咖啡粉润湿的步骤。闷蒸的英文是"Bloom"，即"开花"。这个奇怪的名字就来自闷蒸过程中咖啡粉冒泡和膨胀起来的样子。热水注入，粉层就如花般，瞬间绽放了。

闷蒸的目的是排气，即排出烘焙过程中生成的二氧化碳。二氧化碳存在于咖啡豆的细小孔隙中，未研磨时，二氧化碳可以帮助其中的物质隔绝空气，避免风味流失和氧化带来的风味变差。二氧化碳会自然排出，但是这个过程相当缓慢，而与此同时咖啡中很多挥发性的风味物质也在流失。因此新鲜烘焙的咖啡

好咖啡
没有秘密

豆通常会经历几天的排气"养豆"过程。

不过,经历了排气的咖啡豆中还是会有相当一部分二氧化碳。这部分二氧化碳在萃取时就会阻碍水和咖啡中的可溶物质接触,使得萃取不充分。而二氧化碳如果溶于水中,还可能会为咖啡带来一定负面味道。

闷蒸可以极大地加速二氧化碳排出。热水将咖啡粉中的二氧化碳挤出,同时咖啡粉空隙中的空气也受热膨胀,在脂肪和蛋白质的包裹下形成一些小气泡,下层的气体会将咖啡粉顶起,形成膨胀的鼓包。等气泡逐渐破裂消失,鼓包也逐渐平复后再将更多水注入,就可以使萃取更加充分。咖啡粉之间的空隙也因此更加疏松和均匀,有利于水流通过。

闷蒸时,需要用咖啡粉两三倍的热水轻柔地覆盖咖啡粉,确保表面被均匀打湿。咖啡液应从滤杯中流出极少或者几乎不流出。闷蒸

的时间不宜太久，在30~45秒后观察不再有更多气泡产生即可。闷蒸时可以用小勺对咖啡粉进行一定的搅动，使其闷蒸更充分而均匀。

由于放置时间较久的咖啡豆中二氧化碳含量较少，因此观察闷蒸的效果，常常被用来作为判断咖啡豆是否新鲜的方法。这有一定的道理，不过对于烘焙较浅的咖啡豆可能就不太适用了，烘焙较浅的咖啡豆中含有的二氧化碳量本身就比较少。

我曾见过有人通过实验测定经过闷蒸和不闷蒸的咖啡中含有的二氧化碳含量，以此质疑闷蒸的效果。这种质疑值得关注、讨论和进一步的研究。不过作为能让咖啡"开花"的方法，闷蒸从视觉上来说，也让做咖啡这件事变得更富有美感和仪式感，对我来说，还没有足够的理由让我放弃这一步。

V60 滤杯
为什么大受欢迎？

　　滤杯是手冲咖啡必备的器具之一，也是最能代表手冲咖啡的符号。不少咖啡品牌以滤杯作为品牌标志的设计灵感。市面上的滤杯五花八门，不过形状大多是倒三角形或锥形，而其中使用最广泛的，就是V60滤杯。

　　我的第一只滤杯就是V60，也是我最常使用的滤杯。V60来自日本Hario公司，这家公司1921年创办于东京，一直从事耐热玻璃制造。2005年，V60滤杯首次发布，2007年它荣获了日本最高设计奖项大奖（Good Design）。

　　V60这个略带工业风的名字其实来源于它独特的形状。"V"并不是某个单词的缩写，而是代表其侧面的漏斗形状，"60"则是其截面夹角的角度60°。同时，其侧壁和平面的夹角也同样是60°。从侧面看去，整体构成了一个等边三角形。

除了特别的造型，V60有两个最大的特点：一个是其底部的大单孔设计，另一个则是侧壁上螺旋状的凸起（也叫肋骨）。

拥有扇形滤杯和波浪形侧壁的蛋糕滤杯在底部一般有1~3个小排水孔，注水时咖啡从小孔中流出的速度很慢，水在滤杯中停留的时间比较长，对咖啡粉产生类似法压壶一样的浸泡效果。而V60采用一个大的圆孔，滤纸尖端从孔中伸出来，对水没有任何阻碍。因此水流萃取咖啡的速度基本上取决于冲煮者对注水速度的控制。

V60侧壁的螺旋状肋骨从上至下贯穿整个滤杯，起到托起滤纸的作用，一方面在滤纸和滤杯壁之间形成了足够的空间让空气流通，方便咖啡粉排气，另一方面，螺旋的形状起到了导流的作用，延长了水流的路径。

V60非常适合果酸和花果香气明显的单品咖啡，可以使其香气和风味的层次凸显出来，口感也清爽明亮。

由于流速快，冲煮者的操作特别是注水的次数、速度等都会直接反映到咖啡的风味中来。因此，V60滤杯对冲煮者的要求也就比较高。但恰恰因为这样，不同的冲煮者可以进行各种各样的探索，利用不同的冲煮方式对咖啡的风味进行微调，其可玩性也非常强，因此V60在咖啡爱好者和咖啡师中非常受欢迎。

/ 好咖啡
没有秘密

不同材质的滤杯有什么差异？

　　V60滤杯的材质有很多。不同材质在外观的美感、便携性、坚固性、耐久性等方面有区别。比如塑料和硅胶材质轻便，适合外出携带；陶瓷和玻璃材质重且易碎，不够便携，但非常耐用；金属材质牢固耐用，也不易损坏，但可能有磨损等问题。

　　此外，对于手冲咖啡来说，材质还有一个很重要的影响，就是对水温的维持能力。在萃取咖啡时，水温降低过快，可能会导致萃取的咖啡酸度更加明显。不同材质对于热量的吸收（比热容）和散发（热传导）的能力不同。比热容大（如陶瓷）、重量较重（如玻璃）的滤杯会从萃取中的咖啡液中吸取很多热量，从而导致水温快速降低。而塑料材质的滤杯，因其重量轻，吸收的热量更少，水的热量也就可以更多保留在咖啡中。同时，金属材质的滤杯虽然吸热不多，但其导热能力很强，热量很容易通过滤杯扩散到周围的空气中去，导致水温降低。

　　因此，其实看似廉价的塑料材质滤杯更能维持比较稳定的水温。陶瓷和玻璃材质的滤杯，如果可以提前以热水将其预热，则可以在萃取的阶段很好地维持水温。而金属滤杯导热较快，更适合短时间内快速完成冲煮。

Chemex 咖啡壶，
真的只是"花瓶"吗？

你是否想要拥有一款集实用和美感于一体，设计精巧、外形优雅且几乎永不过时的手冲咖啡壶？如果答案是肯定的，那Chemex（沙漏咖啡壶，英文较常用）是个不错的选择。即使你没有用过它，也大概率在某个咖啡馆见到过它，它还曾出现在《老友记》的厨房中。随着精品咖啡潮流兴起，它又一次流行起来。闲置的Chemex还可以插上几枝鲜花用作花瓶。不过如果你以为它只能是"花瓶"，那可太小看它了。

Chemex是由德国化学家和发明家施伦博姆（Peter J. Schlumbohm）博士在1941年发明的。他一生共有300多项发明专利，而Chemex正是其中最为人熟知，也最成功的。作为化学家的施伦博姆对于化学实验中的各种仪器自然非常熟悉，Chemex的发明就受到了漏斗和烧杯的启发，名字中"Chem"也显示了其与化学（Chemistry）的联系。Chemex使用耐热玻璃吹制，采用沙漏的造型，中间收窄的腰部位置环绕着木质的防烫手柄，并用皮革绑带系紧，方便握持。

/ 好咖啡
没有秘密

根据施伦博姆本人的说法，Chemex的造型设计受到了两次世界大战之间的现代主义精神和德国包豪斯设计学院风格的影响，线条简洁、流畅，造型优雅，木质和皮革的部件充满质感，带来复古但永不过时的感觉，堪称经典。除了后来增加了玻璃把手的版本以外，造型几乎没有任何变化。作为杰出设计的代表，Chemex甚至被作为藏品收入纽约现代艺术博物馆的建筑与设计部。

虽然冲煮方式和一般滤杯相同，但Chemex采用一体式的设计，将负责冲煮和过滤的滤杯部分和负责盛放咖啡的容器部分巧妙结合在一起。沙漏的形状非常适合聚拢和维持咖啡的香气。上部的滤杯部分没有V60一样的"肋骨"凸起，因此滤纸会贴在玻璃壁上，不过它专门预留了一条深槽，方便排气，也可以作为倒出咖啡时的导流槽。Chemex使用专用的滤纸，比一般手冲咖啡的滤纸要厚20%~30%，因此咖啡研磨度需要比一般手冲咖啡更粗，以保证水流通畅，避免过度萃取。滤纸经过折叠，放置时需要将多层滤纸的一面紧贴深槽，避免湿润的滤纸将槽封住，这样可以阻挡大部分细粉和油脂，使咖啡的口感非常干净，不过醇厚度会稍有不足。

Chemex的容量跨度非常大，从单人份到十多人份的选择都有，既可以满足自己饮用，拿来招待朋友也是不错的选择。清洗也并不麻烦，使用洗洁精配合杯刷就可以了。如果你有洗碗机，可以将它从内到外清洗得更加干净，不过要记得取下木质手柄和皮革绑带。

聪明杯，
"聪明"还是"傻瓜"？

有那么一种手冲滤杯，看上去和普通滤杯没什么两样，不过它却敢号称"聪明杯"，那么它真的"聪明"吗？作为一个"聪明"的滤杯，它可以保证做出一杯好咖啡吗？

聪明滤杯（Clever Dripper），英文全称是Steep and Release Brewer（即"浸泡和释放"冲煮器）。最早是中国台湾制造商宜家贸易（EK Int'l）公司发明的，现在也有其他品牌的类似产品。它的滤杯部分有着普通滤杯的外形，但底部却暗藏玄机。

聪明杯的底部是一个阀门，可以开启或关闭。在注水萃取阶段可以关闭底部阀门，让咖啡粉浸泡于水中，和水充分接触，完成"浸泡"阶段。浸泡结束后，打开阀门，让咖啡经过滤纸的过滤后流出，即"释放"阶段。

有些聪明杯的底部阀门不需要手动开启，放置在杯口后即可打开。冲煮时先将阀门关闭的聪明杯单独放置在桌面，注水并浸泡结束后再放到杯口完成释放。

虽然外形看起来是手冲滤杯，但聪明杯实际上采用的是类似法压壶的"浸泡式"萃取，只不过比法压壶多了滤纸过滤。和滴滤式萃取不同，"浸泡式"萃取效率稍低，用时也更久，但好处在于咖啡粉和水可以充分接触，避免了手冲咖啡时水流不稳定，分布不均匀导致的萃取不均匀的情况。同时，聪明杯通过使用滤纸过滤，解决了使用法压壶时会有粉渣流入杯中的问题，口感更为干净。

由于是"浸泡式"萃取，闷蒸与否、注水几次、注水手法等对于咖啡最终风味的影响不大，只需要将温度合适的热水按照一定的粉水比注入到咖啡粉中，静待几分钟，打开阀门，就可以得到一杯好喝的咖啡了。中途进行搅拌可以使萃取更加充分。

因此，聪明杯从设计上说确实是很"聪明"和巧妙的。从使用上说，它对于新手"小白"非常友好，我更愿意沿用"傻瓜相机"的叫法称呼它为"傻瓜杯"。如果你想要方便、稳定地做出一杯好咖啡，又不想被复杂多变的手冲咖啡"劝退"的话，不妨试一下它。

众多 "隐藏技能" 傍身的法压壶

外出旅行时，如果只能在行李箱里带一件咖啡器具，法压壶会是我的第一选择。为什么它堪当此任呢？

1852年，法国人梅耶（Mayer）和戴尔福士（Delforge）最早申请了类似法压壶的专利。1929年，意大利人卡利马尼（Attilio Calimani）和摩奈塔（Giulio Moneta）的专利设计则更接近今天我们见到的法压壶。1958年，在瑞士的意大利人邦达尼尼（Faliero Bondanini）进一步改进了设计，由法国的一家工厂生产并在欧洲推广开，后来又传到北美地区。因此，法压壶的发明并不完全归功于法国人。不过，大概是因为法国的公司将其推广开来，所以在美国它被称为法压壶（French Press），而在欧洲则更多被称为咖啡壶（Cafetiere）。

法压壶结构非常简单，看上去就是一只带把手的玻璃壶或不锈钢壶。不过其盖子中心有一根压杆，压杆的底端有可拆卸的金属滤网和起固定作用的

/ 好咖啡
没有秘密

金属片。使用时将压杆缓缓压下，就可以将咖啡渣阻隔在杯底。所以，法压壶的"压"其实并不是通过施加压力将咖啡"压"出来，而是只起到过滤的作用。

法压壶使用非常方便，将咖啡粉倒入壶中，以咖啡粉两三倍的热水覆盖咖啡粉进行闷蒸，同时开始计时。30秒后按照设定的粉水比将剩下的水倒入，轻轻搅拌，然后等待约4分钟。计时结束后按下压杆，将咖啡过滤出即可。

和手冲咖啡不同，法压壶是浸泡式萃取的代表器具。浸泡时，咖啡粉和水会充分接触，不会因为注水的手法、水流等导致萃取不均匀的情况发生，这就是它最大的优势。浸泡式萃取需要控制的变量比较少，主要就是水温、粉水比、研磨度和时间。水温和粉水比以常用的92~94℃和1∶15~1∶17为宜。由于金属滤网过滤不完全，为了照顾口感，研磨度比手冲要粗，而浸泡时间也因此要比手冲的时间更长。

由于保留了油脂和一部分极细粉，法压壶咖啡的醇厚度较高，口感更加圆润饱满。不过，过滤不完全的粉渣也可能会影响口感，带来不干净的感觉。

除了制作热咖啡，法压壶也非常适合制作冷萃咖啡，只要延长浸泡时间即可。我通常会将其放在冰箱中过夜。此外，也有不少人用它来泡茶。其实，法压壶甚至还可以用来打发奶泡，配合摩卡壶或者胶囊咖啡机，可以方便地做出一杯味道不错的卡布奇诺或拿铁，甚至可以用来拉花，这绝对是隐藏技能了。

家用咖啡器具

	手冲滤杯 如 V60	Chemex	聪明杯	法压壶	摩卡壶
萃取方式	滴滤	滴滤	滴滤 + 浸泡	浸泡	压力 + 反向过滤
所需咖啡粉研磨度	中或中偏细	中	中	粗	细
风味与口感	干净、细致	干净、细致、稍单薄	干净、细致	稍粗糙	苦味重、浓度高、稍粗糙
优点	方便快捷、仪式感强、可玩性强	操作方便、仪式感强	方便快捷、容易上手	操作方便、功能多样	方便快捷、香气浓郁
缺点	变量过多、不易控制	不易清洗、容易过萃	可玩性不足	细粉残留、口感稍差、可玩性不足	对热源要求高，高温容易导致过萃和喷溅

爱乐压	虹吸壶	冰滴壶	冷萃壶	胶囊咖啡机	半自动意式咖啡机	全自动意式咖啡机
浸泡 + 压力	反向过滤	冷水慢速滴滤	冷水浸泡	高压	高压	高压
中	中	中	粗	极细	极细	极细
干净、明亮	干净、柔和	顺滑、纯净、低酸、微微发酵感	顺滑、纯净、低酸	醇厚、平衡	浓郁、紧实	醇厚、平衡
可玩性强、方便带出户外	仪式感强	仪式感强	操作方便	方便快捷	可玩性强	方便快捷
操作稍复杂，按压时需注意安全	操作复杂、不易清洗	操作复杂、耗时较长	耗时较长	价格稍高	操作复杂、不易上手、价格高	打奶泡功能较弱，价格高

胶囊咖啡机，值得
拥有的"小可爱"

　　在家制作手冲咖啡前，我已经拥有了一台胶囊咖啡机，还曾购买过一台作为礼物送给朋友。虽然我的那台现在更多时候是在角落吃灰，但并不妨碍我在心里仍然对它青睐有加。经典的外形、小巧的身材、简单的操作以及咖啡萃取出来后满屋子的咖啡香，都带给我愉悦的体验。偶尔使用时，我仍然会惊叹于它的精巧设计和背后的智慧。拨动开关，放入胶囊，按下按钮，等待咖啡萃取完成的"咔哒"一声，大脑中愉快惬意的开关好像也在这一刻开启了。

　　胶囊咖啡由雀巢公司的工程师在1976年发明。经过在意大利咖啡馆的观察，他认为，为意式浓缩咖啡注入灵魂以使其区别于滤泡咖啡的，是空气和其中的氧气。空气可以帮助形成克丽玛，而氧化可以帮助香气更好地释放。因此如果将咖啡装入充气的胶囊，再借助水进行萃取，就可以得到又香醇又带着克丽玛的浓缩咖啡了。不过，直到十年后的1986年，这位"胶囊咖啡之父"当初的发明才得以进入市场。

胶囊咖啡的萃取方式尽管存在品牌差异，但都是在充入惰性气体（如氮气）的铝箔材质胶囊中，向咖啡粉注入热水以增大压力（可以达到15～19巴）进行萃取。以雀巢为例，按下开关后，咖啡机会在胶囊底部刺出若干个小孔，并通过泵压将热水注入，压力升高后，封口的铝箔被挤压到咖啡机内的针盘上，压力达到一定数值时铝箔被刺破，咖啡液自然就流了出来。无论从压力、速度还是克丽玛的角度来看，这样的一杯咖啡，足可以被称为意式浓缩咖啡。

只要拥有这样一台胶囊咖啡机，就可以在十几秒内，通过一键操作获得一杯克丽玛丰厚的意式浓缩咖啡，甚至不输家用半自动咖啡机的出品。同时，由于胶囊密封且充入了惰性气体，咖啡粉不接触空气，做到了一定程度的保鲜，咖啡的风味流失较少。有些胶囊咖啡机还有制作含牛奶或巧克力的花式咖啡的功能，非常适合喜欢喝奶咖的人。一颗胶囊的价格在3～5元，相比咖啡店动辄一杯二三十元的价格，性价比还是不错的。

不过，胶囊咖啡的粉量固定，水量也相对固定（通常有几档选择），可以调整的空间不多，一键"傻瓜式"的操作无法满足对咖啡要求较高的小伙伴的需要。另外，胶囊咖啡的粉量较少，多在5克左右，相比咖啡店16～18克的粉量，咖啡因的含量自然少了很多。如果要用它提神的话，不妨多喝一杯。

摩卡壶，
经典即永恒

阳光洒在厨房的台面上，吐司从多士炉里跳出来，香肠和煎蛋在煎锅里滋滋作响，摩卡壶在炉灶上嘶嘶冒气。以这样的方式开启一天，再适合不过了。在讲究控制水流、手法、温度等的今天，"煮咖啡"的摩卡壶非但没有过时，反而凭借其经典的八角形造型和不断更新的颜值再次走红，登上了很多人，特别是奶咖爱好者的必购清单。

在意大利，摩卡壶几乎是每家每户必备的厨房器具，其受欢迎程度不言而喻。这得益于它简单的结构、省心的操作方式和亲民的价格。摩卡壶材质以铝制和不锈钢为主，轻便且不易损坏，可以用很久，甚至可以作为"传家宝"。

摩卡壶由三部分组成。最下面的下壶用来装水，底面接触热源（通常是火）；中间的粉碗盛放咖啡粉，萃取就发生在这里，粉碗的底端有通道伸入下壶，水蒸气可以由此通道穿过；最上层的上壶则是盛放咖啡液的容器。它的工作方式是：在粉碗中放入研磨得很细的咖啡粉，在下壶中加入热水或冷水，将摩卡壶的三部分组合拧紧，放在热源上。水烧开后，下壶中的水蒸气越来越多，压力会压迫热水从通道向上进入粉碗，和咖啡粉接触，进行萃取，萃取出的咖啡液继续向上流入上壶中。等大部分水流入上壶中，萃取就完成了，这时要及时将摩卡壶从热源上移走，避免继续加热，导致咖啡过度萃取。

如果我们用严格一点的眼光来审视，摩卡壶制作的咖啡其实并不能算是意式浓缩咖啡。虽然摩卡壶的工作方式中也有一定蒸汽的压力存在，但这个压力远远达不到意式浓缩咖啡的压力，也就无法实现极快速的萃取。摩卡壶虽然也能产生一定的泡沫，但也不能达到意式浓缩咖啡的克丽玛那样丰厚且持久的效果。

用摩卡壶制作咖啡，由于是在炉灶上直接加热，水沸腾后的温度过高，稍不注意就会出现焦煳味。而且日常使用中，粉量一般参照粉碗容量，水量则参照下壶安全阀高度（安全阀会将过高的压力排出，因此水位不能高于安全阀），粉水比很少经过精确计算（在1∶7～1∶9）。这些都会导致摩卡壶咖啡的味道不尽如人意，苦和酸都很突出。

不过，摩卡壶咖啡虽然难以直接入口，但添加牛奶制作成奶咖或其他花式咖啡却很合适。用法压壶打出的奶泡进行搭配，也可以做出很美味的卡布奇诺。

其实，最让人享受的，是用摩卡壶做咖啡时，飘散出来的香气瞬间弥漫整个房间的场景。在忙碌的早晨，这样的香气既能唤醒依然流连于睡梦中的大脑，也能治愈因为睡眠不足或噩梦而带来的"起床气"。虽然香气不够丰富和有层次，口感和味道也略带粗糙，甚至制作的过程还会因喷溅而"翻车"，但和一个充满香气和活力的早晨相比，这又算得了什么呢？更何况，苦涩、粗糙、手忙脚乱和香甜、精致、从容优雅一样，都是生活的组成部分。

"摩卡"一词很让人头疼。咖啡店里可以点一杯摩卡，网上可以买到"号称"摩卡的咖啡豆，还有并不用摩卡豆也不能做摩卡咖啡的"摩卡壶"。

其实，摩卡起源于西亚也门的摩卡港，它位于红海出海口咽喉要道，在19世纪以前这里是也门最重要的贸易港口，也是阿拉伯国家最大的咖啡出口地。在长达300年的时间里，附近种植的咖啡豆（甚至包括一部分非洲种植的）从这里销往中东和欧洲。

于是，对于欧洲人来说，在相当长的时间里，"摩卡"就成了咖啡的代名词。

摩卡港其实并不出产咖啡，也门的咖啡主要产自附近山地，但几乎所有也门出产的咖啡豆都会被冠以摩卡（Mocha/Mocca）咖啡之名。由此，也门产的咖啡豆，也就被称为摩卡咖啡豆了。由于缺水，摩卡咖啡豆通常采用日晒处理，风格独特，味道强劲浓郁，有土壤和巧克力的风味。摩卡咖啡豆和来自印度尼西亚的爪哇咖啡构成了传统的咖啡拼配组合"摩卡-爪哇咖啡"。由于产量很少，现在见到的摩卡咖啡多是通过拼配来模拟摩卡风味的。

"摩卡咖啡（Mocha/Mochaccino）"则是一杯以意式浓缩咖啡为基底，添加打发的奶油和摩卡酱（由巧克力酱、牛奶、奶油构成）的饮料，有些还会添加可可粉或肉桂粉。从源头看，它和一种意大利都灵的饮品比切林（Bicerin）的关系更为紧密。比切林是由意式浓缩咖啡、热巧克力和牛奶（或奶油）构成的咖啡饮品。

全自动、半自动，
工具还是"玩具"？

人类用了数万年时间进入了工业时代，发明了不计其数的机器为我们服务。从手动到部分自动，再到完全自动，我们正在向着智能时代逐步迈进。然而在咖啡领域，却似乎存在着一条"反向"的鄙视链。好像全自动不如半自动，半自动不如手动，当然，这样的鄙视链也并不仅仅发生在咖啡的领域。

全自动咖啡机，相信你一定在办公室或酒店见过。它用实力诠释了什么叫作"暗箱操作"。往方方的大盒子中倒入咖啡豆或咖啡粉，按下按键，"黑箱"内一阵稍显嘈杂的噪声过后，带着浓郁香气和克丽玛的意式浓缩咖啡就出来了。这在20世纪以前一定会被视作魔法吧！要么，就是里面藏了个微型咖啡店！

其实，只要稍微了解一下，不难知道这台机器的工作流程：首先，它将咖啡豆研磨成咖啡粉（或直接使用咖啡粉）；其次，将咖啡粉均匀分布并填压成

好咖啡
没有秘密

密实的粉饼；最后，等待水加热到合适的冲煮温度后，开始产生足够高的压力将热水推出并穿过粉饼，黑咖啡就这样出来了。如果还附带了制作牛奶咖啡的功能，就再加一个打发牛奶的模块。除了奶泡比较粗以外，足够满足很多人的要求了。

将这个流程中的一些步骤，比如调整研磨度、布粉、压粉、控制萃取量等交给人来完成，剩下的流程所组成的，就是精品咖啡店中最常见到的外形精致、设计独特的半自动咖啡机了。其实，意式浓缩咖啡机的发展历程，就是将本来需要人完成的部分一点点交给机器。不过，由于人具有非凡的创造力，让人来完成其中一些环节，仍然有显而易见的优势。比如，针对不同产地、处理方式和密度等的咖啡豆，在萃取时需要的粉量、研磨度、压粉力度等都需要进行调节，才能保证咖啡获得更好的风味。如果全部交给机器，看似"稳定"的程序，在面对完全不同的咖啡豆时，却会得到完全"不稳定"的表现，更不要说"拉花"这种本来就是人类展示自己特殊技能的"艺术"了！

对于纯手工的执着，和对完全自动化的憧憬，在人类社会同时存在。但完全"手动"的咖啡机始终处在小众的地位。拉杆式咖啡机时至今日仍然存在，但依旧小众，大概是因为通过人力按压拉杆来压缩弹簧实在太累了吧，更不用说那些完全依靠人力"挤压"咖啡的机器了。当然，这并不能阻挡爱好者们对手动咖啡机的追捧，毕竟对很多人来说，咖啡机不仅是"工具"，也是"玩具"。

其实，现在有些价格昂贵的商用全自动咖啡机将大量的参数开放给了咖啡师进行调节，完全可以针对不同咖啡豆进行调整。成品几乎不输半自动咖啡机，还避免了人为可能出错的部分。很多大型连锁咖啡品牌已经在使用了。与此同时，很多半自动咖啡机也整合了一部分自动的功能，比如研磨。另外一些高端商用半自动咖啡机也将一些功能数字化、程式化了。它们之间的界限正在变得越来越模糊。

机器不是最完美的解决方案，同样，人也不是。让机器完全取代人的想法和事事由人做才更好的想法同样愚蠢。也许是时候抛弃"鄙视链"，拥抱人机相互配合的更加多元和包容的未来了！可能在不久的将来，一句唤醒口令，AI助手人工智能就能帮你把一杯最符合你口味的咖啡做好！

/ 好咖啡
没有秘密

冷萃咖啡、冰滴咖啡，
谁才是夏天的咖啡标配？

夏天是无"冰"不欢的季节。在炎热的夏天，不要说热饮，喝一杯常温饮料，恐怕也只能是"最后的倔强"了吧!

咖啡当然也是如此。大概没有什么比喝下一杯冰爽可口的咖啡更能让人感到清爽和充满活力了。冰咖啡的制作方式不止一种，无论是冷藏一杯刚做好的热咖啡，还是在热咖啡中加入冰块，或者将手冲咖啡直接冲在盛放冰块的壶中，都可以得到一杯冰咖啡。任何的咖啡器具都可以为你所用，还可以在咖啡中加入牛奶、植物奶制作拿铁，或是放入糖浆、果汁等得到一杯高颜值的特调咖啡。

如果时间充裕，不妨尝试下冷萃咖啡和冰滴咖啡。和用热水萃取咖啡后冷却不同，冷萃和冰滴咖啡都是直接用冷水进行萃取的。

温度对于物质的溶解能力有很大影响，这就是为什么冷萃通常需要浸泡8小时以上（12～24小时更好）的时间，才能获得让人满意的风味和咖啡因。这样做的好处是，一些苦味和酸味物质在低温时较不容易被萃取，因此，冷萃咖啡的苦涩和酸感就不会那么高，甜味会更突出，口感也更顺滑，风味更纯净。而咖啡因量不足的问题，则可以通过加大咖啡粉量来解决。

冷萃咖啡需要咖啡粉和水长时间的接触，因此常用浸泡式萃取，比如法压壶或专用的冷萃壶。其实你可以用任何容器，将研磨较粗的咖啡粉倒入后加入纯净水，放入冰箱冷藏室（尽量密封，避免吸收冷藏室中的味道），时间到后取出，再用滤纸过滤一下就行了。

要让咖啡粉和水长时间接触，除了浸泡，还有"滴滤式"的做法，就是持续有水滴入。显然，不可能用人力在几个小时内持续萃取一杯咖啡，冰滴咖啡壶就解决了这个问题。冰滴咖啡（Ice Drip Coffee/Dutch Coffee/Kyoto Style Coffee）据说是水手发明的，冰水从上壶中按照一定速度不断滴落，穿过咖啡粉时将溶出的物质带出，落入下方的壶中。冰水滴落的速度可以根据个人喜好和经验自由调整，最快可以在三四个小时完成萃取。不过，因为上壶中的水不断减少，压力减小，水滴下的速度也会逐渐变慢，还是需要时不时检查一下，并调节到正常速度。相比浸泡式的冷萃咖啡，冰滴咖啡因其持续不断进行的滴滤式萃取，使得咖啡本身的风味更加凸显。此外，冰滴咖啡一般在完成后会再放置一段时间，稍稍发酵，因此会有一点酒味。

无论是冷萃还是冰滴，既可以按照常用的手冲咖啡的粉水比，也可以适当降低水量。拉长萃取时间，其实也就给予了更高的

调整和容错空间。完全可以在中途品尝一下，感受下是否已经得到了你想要的风味和口感。

　　相比冰滴咖啡，我还是更加偏爱简单易行的冷萃咖啡。只要有它在，每次打开冰箱，仿佛都能听到它对我说，放心，有我在呢。

氮气咖啡

　　氮气咖啡是精品咖啡馆中的新星，这一做法始于2012年左右，借鉴了氮气啤酒。在高压下将氮气注入盛放咖啡的桶中，使其溶于咖啡中，经过加压带倒出后，氮气在正常气压下释放并上升，就形成了咖啡表面一层厚厚的泡沫。

　　和二氧化碳相比，氮气的优势在于基本不会改变咖啡的味道，而是只改变其口感。不同于可乐翻腾的大气泡，氮气咖啡的泡沫非常细小，拥有饱满而绵密的口感，泡沫如奶油般顺滑，类似拿铁。

　　氮气咖啡主要用冷萃咖啡制作，不过其实热咖啡也是可以的。在咖啡豆的选择上包容性非常强，可以选用任何风味的咖啡豆。

拿什么拯救你，
凉掉的咖啡？

　　早上做了一杯咖啡，还没来得及喝完，就被其他事情牵绊，转头回来发现咖啡已经凉了，相信这样的情况每个人都遇到过吧。这时你会怎样处理凉掉的咖啡？是继续饮用，还是直接倒掉？或者，想办法重新热一下？

　　无论是意式咖啡还是手冲、法压壶、挂耳咖啡等，冲煮时的温度都在90℃左右。如果加入牛奶，温度会更低一些。冲煮后的短短几分钟内，咖啡温度就会降到50~60℃，这时是最适宜入口的温度，风味也是最好的。如果这时你错过了它，很快就会发现咖啡的温度已降到室温了。此时，咖啡中大量挥发性物质已经挥发殆尽，味道逐渐变得平平无奇，甚至在氧化的作用下开始出现负面味道。所以，最好在咖啡冲煮后的半小时内将它喝完。

　　凉掉的咖啡如"鸡肋"，食之无味，弃之可惜。但无论为了摄入咖啡因，还是单纯不愿浪费，很多人会选择继续饮用。于是，有人会将咖啡杯直接放入微波炉中，或是用带有加热功能的美式咖啡机或电热炉将咖啡重新加热。不过，通常由于加热过快，咖啡的风味在加热过程中会发生变化，常出现苦味明显增加，或是有焦煳味的情况，味道更加糟糕。

如果一定要重新加热凉掉的咖啡，无论是在火上加热还是用微波炉加热，都尽量只将咖啡加热到60℃左右。这样可以减少咖啡中香气物质的挥发。或者，如果你不怕麻烦，可以像化巧克力一样用水浴法（隔水加热），加热一锅水，再将咖啡杯置于锅中。

要更好地避免重新加热带来的风味改变，其实可以一开始就将冲煮好的咖啡盛放于能够更好地隔热的容器中，比如带有真空层的双层不锈钢保温壶、保温杯中，或是在杯子外加上一层杯套。这样可以避免热量散失过快，减缓咖啡变凉的速度，同时保证了咖啡的风味。当然，这样也只是在几个小时内起作用，一般保温无法超过12小时。

如果是在夏天，在凉掉的咖啡中加入冰块，是更加简便的挽救方式。这样的风味其实比重新加热的更好。或者，你还可以将凉咖啡直接冻成咖啡冰块或冰球，日后加入其他饮品中饮用，做成特调饮品也不错呢。

微波炉可以加热咖啡吗？

微波炉加热的原理是通过微波使食物中的水分子在内部产生频率极高的振动，从而产生热量。咖啡的主体是水，因此用微波炉快速加热咖啡是可行的，相比在火上加热，也更加均匀和快速。

不过，微波炉加热后的咖啡味道可能不尽如人意。咖啡中的很多香气物质是极易挥发的，加热到高温后香气迅速消失。同时，咖啡中的绿原酸在高温下分解为咖啡酸和奎宁酸，会导致苦味增加。

微波炉的加热速度很快，容易加热过头，因此为了减少对风味的影响，需要将火力调低，减缓加热速度，尽量只将咖啡加热到适合入口的60℃左右。

需要注意，速溶咖啡或含有牛奶等其他添加物的咖啡不建议放入微波炉加热，因为可能因其中存在的气体，在加热过程中会出现喷溅、"爆炸"的情况。

Part

3

怎么挑咖啡
——明明白白选咖啡

挑选咖啡，和挑选任何东西一样，只有一条原则，就是选自己喜欢的，或者说适合自己的。那如何知道你是否喜欢它以及它是否适合你呢？当然首先就是要了解它。具体到咖啡上，最基本的就是通过咖啡的包装信息了解其风味特色，更进一步则可以了解不同咖啡的风味，甚至塑造这些风味的具体因素。当这些信息了然于心时，你可能只需要一点蛛丝马迹，就可以预测它最终呈现于杯中时的风味大概如何，这样再和自己的个人偏好相匹配，就不难做出选择了。

不过，我仍然希望大家可以保持更加开放的态度，至少偶尔从对某些豆子的"刻板印象"中跳脱出来，勇敢地尝试更多。也许那些你平时并不中意甚至唯恐避之不及的豆子，会给你带来巨大的惊喜。

如何快速看懂
咖啡豆包装?

　　随着咖啡文化的广泛传播,咖啡豆的包装越来越多地成为设计师的"试验田",有时我们会被一些个性化的设计搞得摸不着头脑。另外,包装上的咖啡介绍内容越来越多,比如,产地可能不再是国家、省份,而是细化到了庄园、处理站甚至地块。不过,只要抓住核心的几个信息,就可以按图索骥,找到你想要的豆子。下图模拟了一个常见的单品咖啡豆包装标签。

品名：排除掉品牌标志和净含量信息以后，最大字号通常就是品名。单品咖啡（即单一产地咖啡）的品名多数会以广为人知的产地（如耶加雪菲）或品种（如瑰夏）名来命名，不过，也有一些品牌会根据豆子的产地、风味等信息起一个更有故事感的名字。

产地：对于单品咖啡来说，最重要的信息是产地，因此产地一般会紧贴着品名（在前或者在后）。产地会标记原产国家和具体地区，甚至庄园或处理站。

海拔：产地海拔很好辨认，但不一定标注。海拔较高的豆子通常品质也较高。

品种：不一定会标注。有些豆子虽然产自同一个产地，但也混有不同品种。常见品种有铁皮卡（Typica）、波旁（Bourbon）、卡杜拉（Caturra）、卡杜艾（Catuai）、新世界（Mundo Novo）、瑰夏（Geisha）等。同一产地的不同品种其实风味近似，大概证明风土的影响超过品种。

处理法：将咖啡浆果脱去果肉得到种子/咖啡豆的方法，对风味有很大影响，常见的有日晒、水洗、蜜处理等。

风味：风味描述通常会用日常熟悉的味道，如水果、谷物、坚果、花香等，这只是一种类比，而不是添加物。风味描述非常主观，但仍可提供一些方向性参考。萃取后很可能感知不到相同味道，但如果味道令人不悦，就需要调整萃取方式或考虑豆子品质问题。

烘焙程度：烘焙师会通过调整烘焙时间和速率以展现其心目中咖啡的最佳风味。基本上烘焙度的深浅以咖啡豆的颜色为准，也有专业的仪器进行"色值"的测量。

而拼配咖啡豆的包装则相对简单，如下图所示。

品名：拼配咖啡豆一般会标注"拼配"或"Blend"。拼配豆品名除少部分可能和风味相关联外，更多的则是天马行空。

产地：拼配咖啡豆仅标注产地国家或地区名（有些出于保密也不标注），有些会标注拼配比例，但一般不会标注庄园等详细信息。

风味：风味信息让不同拼配咖啡豆得以区分开来，是消费者选购的重要参考，极为重要。

烘焙程度：拼配咖啡豆一般用于制作意式咖啡或摩卡壶咖啡，因此通常采用中深或深度烘焙。

过期的咖啡豆
还能喝吗？

　　我的一个朋友在二手平台上淘到一套咖啡器具，还附赠了一桶咖啡。据说原主人得到这套器具和咖啡豆是在七八年以前，从未拆封使用，因为搬家才在角落里发现了它。于是我有了这个见证"奇迹"的机会。

　　这是一桶所谓的"蓝山"咖啡豆，当然，作为赠品，它只可能是某种试图模拟蓝山风味的拼配豆。打开密封桶的那一刻，一股混合着废旧纸板、烂木头、臭胶皮的味道扑面而来，我和朋友差点从椅子上掉下去。我们还不死心，豁出去将这豆子拿来冲煮，得到的还是同样令人不悦的味道，甚至难以下咽。这就是传说中的"咖啡尸体"的味道吧！

　　当然，我们并没有因为喝了这样的豆子做出的咖啡而生病，喝完也没有一点儿不舒服。其实也并没有因为喝了过期咖啡而生病的记录。除了味道糟糕，过期的咖啡豆依然可以提神。根据要求，咖啡熟豆包装袋上需要注明其生产日期和保质期，保质期一到两年不等。这是商家出于谨慎进行的标注，实际上，只要存放得当，过期咖啡豆除了味道稍差一点以外，并不会带来什么严重的后果，不会对健康造成影响。

不过，喝咖啡的意义除了摄入咖啡因，就是享受它的风味。从这个意义上说，过期的咖啡豆"不值得"。咖啡豆的最佳赏味期是一到两个月。随着时间流逝，在二氧化碳释放完后，构成咖啡豆风味的芳香物质也会逐渐挥发散失。同时，咖啡豆也在氧化和受潮后逐渐"老化"，产生出不好的风味。特别是深度烘焙的咖啡豆，因为气孔多且大，氧气和水分更容易渗透进去，老化速度也就更快。

空气、光、水都会加速咖啡豆的老化。选择密封性好的容器贮存咖啡豆，隔绝空气和水分，可以最大程度避免氧化和受潮。同时，也建议将其放置于低温和避光的位置。

如果你购买了较大量的咖啡豆，短期内用不完，可以选择将咖啡豆放入冰箱冷冻，这样可以延缓咖啡豆老化的速度。注意不是冷藏，是冷冻。存放在冷藏室会让咖啡豆染上其他食物的味道。冷冻时，可以根据习惯解冻或不解冻直接冲煮。

其实，避免出现过期咖啡豆的最好的方法，就是在购买咖啡豆时，只买一两个月内可以喝完的量。平台大促和商家打折都不应该成为你大量囤货的理由。毕竟，他们不会对你的咖啡体验负责到底。

养花养狗养乌龟，你听说过"养"咖啡豆吗？

　　咖啡豆要"养"？这当然不是说像养宠物或养花一样的"养"，而是单纯将它放置一段时间。但是，咖啡豆难道不是越新鲜越好吗？新鲜的咖啡豆为什么还需要"养"呢？

　　我在前面提到过闷蒸时的排气（第080页），其实，所谓的养豆，就是让咖啡豆将烘焙时产生的二氧化碳气体自然缓慢地释放出来。研究显示，多数的二氧化碳会在烘焙结束后24小时内排出，但这个排气或脱气的过程会一直持续数天。

　　越新鲜的咖啡豆二氧化碳含量越高。二氧化碳很多时候会阻碍水和咖啡中可溶物质接触，从而影响萃取，导致咖啡味道平淡、有酸涩感。如果我们将刚刚烘焙出炉的最新鲜的咖啡豆拿来冲煮，会发现其中烘焙味很大，味道像柴火、炒坚果一样，而其他更加细致的诸如花香、水果等香气就几乎完全被遮盖掉了。无论浅度烘焙还是深度烘焙都是如此。咖啡师们发现，将烘焙好的咖啡豆放上一段不算太久的时间，烘焙的味道渐渐褪去，咖啡本身的香气会更加凸显出来。这样，咖啡的风味会在一段时间内达到一个相对更好的"峰值"，这，就是养豆。

养豆没有固定的期限。对于每一种咖啡豆，咖啡师都会通过不断反复品尝来确定其风味"峰值"出现的时间点。有些豆子前几天尝试时可能平平无奇，甚至略显粗糙，但几天过后却改头换面，变得清新温柔起来。一般来说，浅度烘焙的咖啡豆结构比深烘的更加致密，排气更慢，需要更长的养豆时间。同样，日晒处理的咖啡豆也需要比水洗豆更长的养豆时间。有时，我会发现一包被遗忘在角落一个多月的浅烘豆子，风味甚至比前一两周时好得多。

养豆所需要的时间还和萃取时所用的时间有关。通常来说，如果萃取过程用时较长，如手冲、法压壶、杯测等，就有足够的时间在萃取时排气，同时还可以利用闷蒸加速排气，这样就不需要提前太久养豆。新鲜烘焙的咖啡豆放置3～7天就可以萃取了。但是对于萃取时间极短的意式浓缩咖啡来说，虽然也会"预浸泡"，但二氧化碳无法在极短的时间内排出，在高压萃取时，咖啡粉中的气体会导致压力不稳定，影响萃取。因此，用来制作意式咖啡的咖啡豆，通常会放置更久一点，比如7～14天后再萃取会更加稳定。不过，如果是深度烘焙的咖啡豆也不要排气太久，因为深烘豆也容易老化而出现陈豆味。

其实，在养豆这件事上我们并不需要花费太多心思。一般商家使用的带有单向阀的铝箔袋其实已经足够帮助咖啡豆排气了，正常常温避光储存就可以满足要求。如果拿来手冲，经过运输的咖啡豆到达我们手中时已经经过了一定的排气。如果是用来制作意式咖啡，则可以关注下烘焙日期，稍放几天，也不妨直接上手试做一杯尝尝看。

*好咖啡
没有秘密

等级越高的
咖啡豆越好喝吗？

咖啡的风味千差万别，价格也大相径庭。决定咖啡价格的，除了稀缺程度，更多时候其实是咖啡豆的品质。而咖啡豆的等级，就是衡量咖啡豆品质的"尺子"。其实，在几个世纪前的咖啡拍卖会上，就会有专人对咖啡豆的品质进行分级，以确定价格。今天，主要的咖啡产地都会有系统的咖啡豆分级体系，方便采购商进行选择。采购商也可以要求产地提供特定等级的咖啡生豆，以满足其不同的生产和销售需要，比如以精品咖啡售卖或制成速溶咖啡。

那么，这些等级是如何评定的？是不是等级越高的咖啡豆就越好喝呢？

其实直到今天，也并不存在一个全世界统一的、在所有咖啡原产国都适用的等级体系。产地国家一般会自行制订一套评级体系，或套用周边国家的成熟体系，甚至在某些国家内部，由于种种原因，也可能存在并行的不同评级体系。

曾经非常常见的咖啡评价标准是咖啡生豆的尺寸大小，咖啡豆子越大，等级越高，如非洲的"AA"级和哥伦比亚的"Supremo（最高级）"。将咖啡生豆通过带有不同大小网眼的筛网，其所能穿过的最细的筛网，就代表其所在的等级。以1/64英寸（0.39毫米左右）为1目，一些非常大（如象豆品种）的咖啡豆只能穿过19～20目的筛网，无法穿越更小目数的筛网，而另一些非常小的豆子（如埃塞俄比亚的某些原生种咖啡豆）则可以穿过14～15目的筛网。依靠咖啡豆尺寸进行评级，可以保证相同尺寸的咖啡豆在一起进行烘焙时受热比较均匀，不会出现烘焙度相差很大的情况，最终做出的咖啡也就比较稳定。不过，这种单纯将咖啡价格和尺寸挂钩的评级标准显然过于"简单粗暴"，就会出现一些咖啡豆虽然尺寸很大，价格也不便宜，但实际风味却并不突出的情况。因此这样的做法已经稍显过时。

中美洲的一些产地则习惯以咖啡豆的硬度进行评级。这样的等级和风味的相关度就更高。一般来说，硬度跟种植海拔成正比，因为海拔越高，温度越低，果实成熟的速度越慢，就能够获得更高的硬度。这样的咖啡也就可以缓慢地积聚更多的糖分，从而获得更好的风味。比如，危地马拉以海拔1350米以上的极硬豆［Strictly Hard Bean（SHB）］为最高等级。

无论是海拔、硬度还是尺寸以及瑕疵豆的比例，都是咖啡豆本身的品质特征，而不是咖啡冲煮出来的风味口感等。在一些国家如巴西、埃塞俄比亚等，这一因素在评级时被考虑进去，也就是加入对咖啡风味的评测——杯测。特别对于咖啡的原产地埃塞俄比亚来说，其采收的咖啡豆中大量为野生品种，大小、豆种都不统一，其他的标准很难适用。"G1"是埃塞俄比亚咖啡豆的最高等

/ 好咖啡
没有秘密

级，代表瑕疵率最低，杯测风味最好。

除此之外，咖啡的品种、平豆或圆豆、处理法、瑕疵率等也都是咖啡评级的重要指标和参考因素。

咖啡豆的评级确实在一定程度上反映咖啡豆的品质，高等级的咖啡豆"踩雷"的可能性自然会更小。不过，在等级相对较低的咖啡豆中，也不乏风味上佳的精品，因此不用"迷信"高等级。特别是在咖啡直接贸易蓬勃发展的今天，一些咖啡品牌直接从咖啡农手中收购咖啡豆，这样的咖啡豆虽然品质很高，但却没有经过商业评级。

瑕疵豆

无论是咖啡生豆还是烘焙过的熟豆，都会存在一定比例的瑕疵豆。瑕疵豆的比例也是烘焙师和咖啡师挑选咖啡时的重要考虑因素。

瑕疵豆的来源有很多，比如，种植时，出现干旱、洪涝、病虫害或施肥不到位、营养不良；采收时，果实未成熟就采摘，或过于成熟而掉落很久；处理时，咖啡去除果肉太晚，未去除干净，切割碾压了豆子或过度发酵；存放时，因为湿度太大而霉变等。这就对咖农和处理者提出了很高的要求。下表中列举了常见的咖啡生豆瑕疵和其成因：

瑕疵豆类型	外观形态	成因
黑豆（全黑或部分黑）	大面积黑色或棕黑色，干瘪、褶皱	果实落地过久导致过度发酵，或果实成熟期缺水
酸豆（全酸或部分酸）	浅棕色或黄、红棕色	采收后很久才去皮，过度发酵，或存放湿度过大
霉菌感染豆	表面有白、黄、灰色孢子，有些伴有虫蛀	表面有霉菌孢子，过度发酵或存放湿度过大
虫蛀豆	表面有小虫洞（果实上也有）	感染虫害，如咖啡果小蠹
破损豆	不完整，部分缺失	使用机械处理时导致，未成熟时采收也可能出现
贝壳豆	表层像贝壳或耳廓	遗传基因变异导致内外分离，与开花时多雨有关
奎克豆	未成熟的低密度咖啡豆，烘焙后颜色浅而更明显	营养不良或采收过早，干旱和叶锈病也是原因

杯测分数越高的咖啡越好喝吗?

如果你关注本地的一些咖啡店,可能见到过咖啡店举办杯测活动的信息,在一些咖啡的介绍页面或咖啡店的菜单上,也会见到"杯测85分+"这样的说法。杯测,似乎是精品咖啡必要的"仪式"之一,杯测取得高分的咖啡豆,也更受到人们的追捧。那么,什么是杯测?杯测得分越高的咖啡,就一定更好喝吗?

咖啡杯测(Cupping)是一项咖啡的品鉴活动,也就是通过"品尝(Tasting)"咖啡,简单、快速地了解咖啡的品质和风味如何,并在相对一致的评价体系中对咖啡进行量化打分。

在咖啡的"一生"中,杯测会进行很多轮,从产地的评审人员到采购的贸易商,再到烘焙师和咖啡师,最后可能也包括普通消费者。产地评审人员会通过杯测对咖啡豆进行评价和分级,生豆贸易商可以依据杯测挑选要采购的咖啡豆,烘焙师借助杯测对烘焙技巧和手法进行调整，而咖啡师和爱好者则可以借此不断训练自己的感官，使得味蕾对不同产地、不同品种、不同处理方式等的咖啡豆风味更加熟悉。

杯测的方式是将烘焙过的不同咖啡豆研磨成咖啡粉，用热水冲泡4分钟左右，撇去漂浮在表面的咖啡粉层和泡沫，等待温度合适后，用小勺舀取咖啡液，快速啜吸到杯测员口中。这样可以使咖啡液在口中尽可能分散开，布满味蕾，特别是让鼻腔中的嗅觉感知器官充分感知咖啡的风味。为了避免咖啡因摄入过量，杯测员一般会将咖啡吐出。

杯测的品鉴内容一般包括咖啡的香气（干香和湿香）、是否有瑕疵、口感是否干净、甜度和酸度如何、口感是厚是薄、风味是否突出、是否有余韵、平衡感如何等。

杯测的形式和具体要求并没有被严格固定，只要可以控制变量，方便对比，可以自行设定。不过，被广泛接受的杯测方案有两个，COE（Cup of Excellence，卓越杯咖啡竞赛）和SCA（Specialty Coffee Association，精品咖啡协会），它们的评价项略有不同，打分方式也不一样，但都以100分为满分。一般而言，低于80分的为商业咖啡豆，80分以上的为精品咖啡豆，85分以上的则是非常优秀的高品质咖啡豆，90分以上的可以算是顶级咖啡豆，而95分以上就极为罕见了。高杯测评分代表了杯测员对这款豆子的认可，保证了咖啡豆的高品质和低瑕疵。

虽然高杯测评分的咖啡风味普遍比较优秀，但并不是说越高分的咖啡豆就会越好喝。个别咖啡豆分数高，也可能只是某一项特

好咖啡
没有秘密

别突出。另外，由于咖啡商自行进行杯测评分，也存在"分数膨胀"的问题。最重要的是，每个人的口味都不同，杯测的分数仅供参考，如果你想要找到自己的口味偏好，也不妨自己在家杯测。

单品咖啡和拼配咖啡
哪个更好？

在精品咖啡的时代到来以前，几乎没人会问这个咖啡豆是哪儿来的。现在一切都不一样了。像葡萄酒一样，大家越来越关心咖啡的产地，不仅仅是国家，甚至是产区、庄园、地块。

以前的咖啡，多数其实都是拼配咖啡（Blend Coffee），也可以叫混合咖啡，它们由不同庄园/地区/国家的咖啡豆以一定比例混合在一起，比如经典的也门摩卡-爪哇咖啡豆。不管是制作速溶咖啡、即饮咖啡，还是咖啡馆的意式浓缩咖啡，对于稳定性和味道均衡是有要求的。拼配的咖啡豆，在其中一些豆子由于季节或灾害问题缺失的情况下，可以找到风味近似的替代品。同时，拼配咖啡豆可以实现更低的成本，对于商家来说是必要的。拼配咖啡通常采用深度烘焙，以消除单品咖啡突出的风味特点，实现口味均衡，从而得到更多受众的接受。

单品咖啡，也就是"单一产地咖啡（Single

/ 好咖啡
没有秘密

Origin Coffee）"，简单地说，就是只来自一个产地，同一批次和同一处理方式的咖啡豆。同一个产地内，基于同样的自然风土和种植方式，产出的咖啡豆味道基本一致，有共同的风味特点，具备更广范围内来看的独特性。不过，受限于自然条件和经济状况等，有些单品咖啡虽然来自同一处理站，但也混合了附近很多不同小农的咖啡。一般来说，单品咖啡产量有限，价格自然更贵。对于喜欢尝鲜、对风味敏感的人来说，可以喝得明明白白。单品咖啡更适合采用浅到中度烘焙，以凸显其风味的独特性。不过，单品咖啡产量和风味都不稳定，而且由于风味独特性强，受众范围也受到一定限制。

今天，人们常常会将拼配咖啡和便宜、风味差、深度烘焙等词联系在一起，而单品咖啡则成为优秀、高品质的代名词。这当然有一定的原因。拼配咖啡因为不那么强调可追溯性，因此一些商家为了节约成本，用风味不佳的咖啡豆"蒙混过关"。而单品咖啡不仅风味突出，而且信息更加清晰、可追溯。但其实，拼配咖啡豆也可以有高品质的那一面。制作拼配咖啡对烘焙师的要求比单品咖啡甚至要更高。拼配咖啡可以利用不同产地咖啡的风味特点进行互补，以使风味更为平衡和协调，让更多用户接受，甚至能取得1+1>2的效果。同时，拼配咖啡的拼配方式千变万化，经过精心打造推出一款独一无二的标志性拼配咖啡，可以让不同品牌和店铺在激烈的竞争中更加凸显自己的特色。

在进行咖啡豆拼配时，一般建议选用五种以内的咖啡豆，同时确保每种咖啡豆的比例都在8%以上。拼配时烘焙师常会按照"基调""中调"和"高调"的方式选择咖啡豆进行混合。"基调"以焦糖甜感突出的咖啡打底，"中调"突出水果调性，"高调"则用少量带柑橘酸和花香气息的咖啡来突出风味。拼配咖啡可以在两个阶段进行，一种是在烘焙前以生豆混合，再进行烘焙（生拼）；另一种是单独烘焙每一种豆子，再将熟豆进行混合（熟拼）。不同烘焙师的偏好有所不同。熟拼便于根据不同咖啡的特性如密度、处理法、含水量等控制烘焙，也方便调整比例，但批次间的一致性比较难控制；而生拼操作方便，烘焙度更稳定，但如果不同咖啡豆差别较大，可能会出现烘焙不均匀的情况。

拼配咖啡更多进行深度烘焙，制作意式咖啡，有些还会添加少量罗布斯塔咖啡豆调整风味，增加克丽玛。但其实中、浅度烘焙的拼配咖啡如果调配得当，制作手冲、法压壶咖啡等，也可以取得相当不错的风味。

咖啡的拼配对烘焙师的要求很高，需要烘焙师具有丰富的感知、鉴赏能力和对烘焙的把控能力。只有对每款单品咖啡豆有清晰的认识，才能使得不同咖啡豆风味协调、相得益彰。拼配咖啡需要大量反复试验，选择不同的咖啡豆、不同的烘焙程度、拼配方式和比例，都会对最终的风味带来影响。喜欢咖啡的小伙伴也可以利用自己手头的咖啡豆进行各种尝试，发掘各种拼配"玩法"，找到不输单品咖啡的好风味。

喝咖啡还要挑品种吗？

在很多咖啡豆的包装或介绍详情页上都会标明"100%阿拉比卡咖啡豆"。于是，阿拉比卡（Arabica）似乎成了非常稀缺、高端的咖啡豆的代称。而那些添加了所谓"罗布斯塔（Robusta）"或没有明确说明品种的咖啡豆，顿时就相形见绌了。那么，这两个名字代表什么呢？是不是阿拉比卡就好，罗布斯塔就不好呢？

准确来说，在咖啡所属的茜草科咖啡属中有几十种植物，经过筛选，能够日常饮用的只有其中两种，即"阿拉比卡"和"卡内弗拉（Canephora）"。而卡内弗拉种中最有名的分支是"罗布斯塔"，因此大众也曾直接用它称呼整个卡内弗拉种。此外还有利比里卡种等，不过其中商业价值最高的还是前两种。

阿拉比卡咖啡豆原产于埃塞俄比亚，生长在热带海拔较高地区。不过，阿拉比卡咖啡并没有听起来那样稀缺，其实它种植广泛，目前占世界咖啡产值的

60%左右。优质的阿拉比卡咖啡带有花香、水果香等悦人的香气，可以品尝出酸、甜、苦等复合味道，因此适合作为单品饮用，也是饮用历史最久的咖啡豆。但其缺点是对生长环境较为挑剔，也不耐病害。其中的铁皮卡、波旁等分支品种经过几个世纪的传播，在拉丁美洲和亚洲都有广泛种植。

而目前占世界咖啡产值40%左右的罗布斯塔咖啡豆原产于刚果，生长在热带海拔较低的地区。由于特有的、不太悦人的大麦茶香和较强的苦味，它较少作为单品直接饮用，但是其较强的抗病能力和更高的适应性（Robusta本意是"强壮的"），也为其赢得了一些生存空间。

罗布斯塔由于成本较低，大量用于速溶咖啡，同时，少量混合在阿拉比卡咖啡豆中时，由于油脂较多，可以提升咖啡醇厚度。另外，罗布斯塔咖啡豆的咖啡因含量（2%~3%）较阿拉比卡（1%左右）更高，因此，作为拼配豆时可以用少量的豆子获得较多的咖啡因。

当然凡事并不绝对，也有极少数高品质的罗布斯塔咖啡豆在咖农的精心栽培下，可以取得不亚于阿拉比卡的风味。精品咖啡的代表蓝瓶子咖啡（Blue Bottle Coffee）就已经推出了基于高品质罗布斯塔咖啡豆的拼配豆。与此同时，为了提升阿拉比卡的抗叶锈病能力，也诞生了一些带有罗布斯塔血统的杂交品种，已经被广泛接受，比如云南的主力品种卡蒂姆（Catimor）。

其实，从很多咖农的角度来说，风味稍逊但抗病能力强的咖啡豆才能使他们获得稳定的收入。并不是所有人、所有地区都有条件种出高品质的精品咖啡豆并将其以高价售出的，这也是很多地区开始种植罗布斯塔的原因，这样的选择无可厚非。同时，随着全球气候变化，我们需要更多样化的咖啡豆基因，才能适应未来的环境，同时保持甚至提升咖啡的风味。在这个意义上说，咖啡豆的品种也并没有优劣之分。

常见咖啡品种

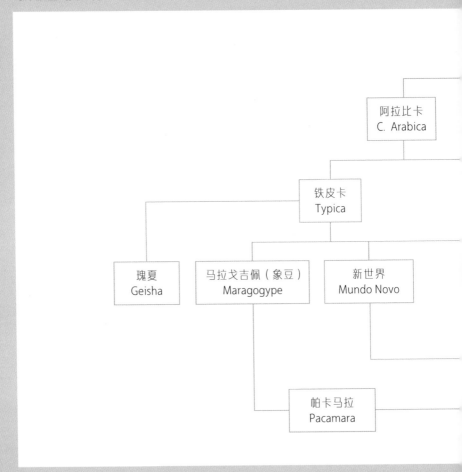

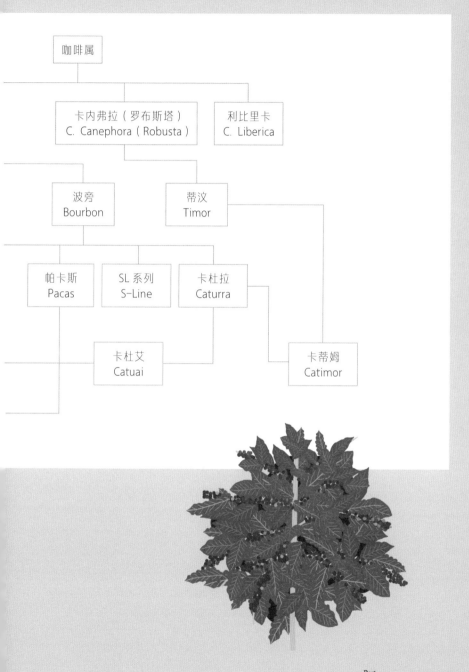

咖啡属

卡内弗拉（罗布斯塔）
C. Canephora（Robusta）

利比里卡
C. Liberica

波旁
Bourbon

蒂汶
Timor

帕卡斯
Pacas

SL 系列
S-Line

卡杜拉
Caturra

卡杜艾
Catuai

卡蒂姆
Catimor

怎么挑咖啡——明明白白选咖啡

产地海拔越高的
咖啡豆越好吗?

　　咖啡基本都生长在"咖啡带"内的高海拔地区。咖啡豆生长的海拔高度也常常被作为核心信息之一,写在咖啡豆的包装甚至咖啡店的菜单上。那么,海拔高度对于咖啡的影响是什么?是否海拔更高的地方所产出的咖啡品质和风味都更好呢?

　　总体上来看,海拔高度和咖啡的品质与风味确实是有一定正相关的。很多我们熟悉的精品咖啡豆都生长在热带的高海拔地区,如巴拿马翡翠庄园的红标和绿标瑰夏,生长在海拔1600～1800米的地块,蓝标瑰夏生长在1500米的地块。而大众熟知的埃塞俄比亚耶加雪菲咖啡则出产于海拔1700～2100米的高山。同样产自埃塞俄比亚的花魁咖啡豆更是产自海拔2200米以上的地区。

　　热带的高海拔地区气温相对于低海拔处较低,相对于高纬度地区则更加稳定,同时雨量充沛,因此适合咖啡种植。而海拔更高的地区咖啡品质和风味更好，源于以下几个原因：

海拔更高的地方温度更低，咖啡豆生长也就更加缓慢，收获所需要的时间更长，果实获得了充足的时间来积聚糖分和其他风味物质。这样产出的咖啡豆通常质地更加硬实，密度更大，甜度也更高。中美洲的多数产地就常常用海拔高度和与此相关的咖啡豆硬度作为对咖啡豆等级进行评定的主要标准。比如常见的等级SHG（Strictly High Grown）和SHB（Strictly Hard Bean）的咖啡豆就产自海拔1350米以上，是中美洲咖啡中的最高等级。

高海拔的更低的温度本身也可以减少咖啡病虫害的发生，咖啡植株的一些天敌在这里很难生存。

海拔更高的地区往往是高山地区，坡度很大。一方面，这非常有利于排水，而咖啡树的生长恰恰需要良好的排水条件；另一方面，更大的坡度虽然不利于机械的使用，但更多的人工管理和呵护，也让咖啡的品质更高。

高海拔地区的云雾比较多，在一定程度上遮蔽咖啡树，避免了强烈的阳光暴晒带来的灼伤。

海拔也被认为和咖啡的不同风味特征有相当大的关系。海拔1500米以上出产的咖啡，通常被认为带有花香、热带水果和莓果香气，而海拔1200~1500米的咖啡则带有柑橘、香草、巧克力和坚果气息。

对于阿拉比卡种，一般来说，海拔在900米以上地区出产的咖啡品质更高、风味更好。不过这也并不绝对，一个典型的例外是美国夏威夷出产的极少量的科纳咖啡（Kona Coffee），这里的海拔一般都不足600米，但咖啡风味却相当优秀，芳香而柔和，不像一般低海拔地区咖啡那样比较平淡。

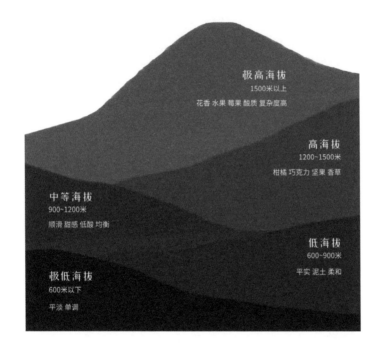

极高海拔
1500米以上

花香 水果 莓果 酸质 复杂度高

高海拔
1200~1500米

柑橘 巧克力 坚果 香草

中等海拔
900~1200米

顺滑 甜感 低酸 均衡

低海拔
600~900米

平实 泥土 柔和

极低海拔
600米以下

平淡 单调

瑰夏咖啡，咖啡中的"爱马仕"

短短几年时间，瑰夏咖啡已经取代了牙买加蓝山咖啡，成为高品质咖啡的代名词。曾经拿来送人的都是蓝山咖啡，现在则几乎全部是瑰夏。其价格往往超出一般咖啡豆数倍，可以称得上咖啡中的奢侈品了。那么，什么是瑰夏呢？其风味是否真的配得上这样的盛名？不同产地的瑰夏有何不同呢？

瑰夏（Geisha），有时也写作Gesha，由于和日语中的"艺伎（芸者げいしゃ）"一词同音，也译作"艺伎咖啡"。瑰夏的名称据传来自埃塞俄比亚西南边境靠近苏丹的戈里瑰夏（Gori Geisha）森林，但瑰夏并非产区名，而是一个咖啡豆品种的名字。

作为阿拉比卡咖啡豆的一种，和铁皮卡、波旁这些广泛栽种的品种不同，瑰夏的出身迷雾重重。根据目前的研究，瑰夏是埃塞俄比亚森林中野生咖啡树的后代之一，在20世纪30年代被发现并带到了肯尼亚、坦桑尼亚等地试种，又辗转被带到中美洲的哥斯达黎加和巴拿马。不过直到2000年之前，这一品种风味并不出众，没有得到重视。

巴拿马的翡翠庄园（Hacienda La Esmeralda）属于退休的瑞典裔美国银行家鲁道夫·彼得森一家。庄园在很长时间内并不以咖啡为主要业务，购入了瑰夏种咖啡后，只是和其他品种混杂栽种。当时，除了被认为可以抵抗一种美洲叶斑病以外，这一品种并无出奇之处。直到20世纪90年代后，咖啡成为庄园的主要业务，庄园在经历了一场咖啡叶锈病后，发现一小块瑰夏种咖啡树意外地没有受到太大损伤，于是将它种在了更多的地块上，包括更高海拔（1650米）的地块，比之前栽种瑰夏的海拔要更高。正是这块高地产出的瑰夏展露出了独特迷人的风味，并在2004年的拍卖中拔得头筹，可谓一鸣惊人。

从那时起，巴拿马瑰夏种在各种咖啡大赛中频频获奖，风靡全世界咖啡圈。除了巴拿马之外，瑰夏种咖啡现在在哥伦比亚、危地马拉、哥斯达黎加甚至我国云南等地也有种植。由于对风土气候条件极为苛刻，瑰夏的产量很少，同一庄园内不同地块出产的风味和等级也有不同，因此价格十分昂贵。

瑰夏种豆子形状细长，风味非常独特，最为突出的是茶香（我曾经闻到和西湖龙井香气极相似的生豆）、奶香和花香，带有茉莉和玫瑰的干香，入口顺滑、口感圆润，有柑橘、蜜桃、莓果、奶油和焦糖的味道，甜度高，层次感极强。不同产地和地块、不同处理方式的瑰夏多少都会有微妙的差异，只有在品尝时才能真正体会。

为了更好地管理和后期溯源，庄园都会将咖啡地块细化，为每个地块进行编号命名，根据该地块所处海拔、土壤、荫蔽条件等进行非常精细的管理。根据品质、是否参与竞标以及具体地块等条件，巴拿马翡翠庄园的瑰夏一般根据参与竞拍与否和地块，分为"红标""绿标"和"蓝标"。

2011年，在埃塞俄比亚拍摄咖啡纪录片的亚当·欧沃顿（Adam Overton）和瑞秋·赛缪尔（Rachel Samuel）夫妇，在咖啡研究者同时也是烘焙商的威廉·布特（Willem Boot）的帮助下，在戈里瑰夏山林中经过大量的观察和基因比对，据称找到了和巴拿马瑰夏非常接近的原生咖啡种子，经过悉心培育，成为埃塞俄比亚瑰夏村（Geisha Village）瑰夏。不过，在风味上，埃塞俄比亚瑰夏和巴拿马的瑰夏种风味差别很大，因此也引发了很大争议。现在市面上来自埃塞俄比亚的"瑰夏"也很多，因此，要想体会原汁原味的瑰夏，我的建议还是优先选择巴拿马和其他中南美洲的豆子。

云南小粒咖啡，
"火出圈"的本土咖啡

我第一次知道云南有咖啡，是前些年在腾冲的一次旅行中。我在坐车时看到一个类似咖啡庄园的广告，很是好奇，便向导游询问。导游告诉我，其实之前有过不少农户种植咖啡，但后来销售不出去，便又改种其他作物了。那时我还为此惋惜，谁料不出几年，云南咖啡又出现在大众的视野里了。

随着咖啡市场的成熟，云南咖啡最近也得到了很多国人的关注，以其为背景的电视剧热播，更是带火了云南咖啡。我们常常听到云南小粒咖啡的说法，听上去似乎和进口的咖啡有些不同，那么什么是"小粒咖啡"呢？

其实所谓的小粒咖啡，就是阿拉比卡种咖啡。这种叫法在农学上更为常用，相对应的是中粒咖啡（卡内弗拉咖啡）和大粒咖啡（利比里卡咖啡）。这里的大、中、小描述的并不是果实中层层包裹下的种子（咖啡豆），而是咖啡果实（即咖啡樱桃）的大小。

小粒咖啡的咖啡樱桃稍小，因此也称为"小果咖啡"，但其实阿拉比卡种咖啡豆并不一定比其他品种小，有些甚至还会大一些。

在我国海南、广西等产区，因为海拔较低，种植较多的是中粒和大粒咖啡，味道稍逊，因此云南小粒咖啡就成为我国咖啡中的明星产品，占据了国产咖啡市场的99%以上。

云南的地理位置和特殊的地貌和风土环境，给种植咖啡提供了良好的条件。云南种植咖啡的历史可以追溯到百年前，据传是由法国传教士由东南亚引入的。在20世纪50年代为了出口，曾有一段时间大规模种植，但由于政治等原因又严重萎缩。到了二十世纪八九十年代，云南咖啡才重新得到重视，并逐渐吸引了一些国际上的行业巨头。

云南小粒咖啡目前种植较多的细分品种是卡蒂姆，兼有一些铁皮卡和其他品种。其中最重要的品种是来自葡萄牙咖啡锈病研究中心（CIFC），并由云南省德宏热带农业科学研究所选育的卡蒂姆CIFC7963（F6）（简称7963）。卡蒂姆来自卡杜拉和帝汶种（阿拉比卡和卡内弗拉种的天然杂交种）的杂交，抗病能力好，产量更高，因此被更广泛地种植。铁皮卡引进较早，被咖农称为老品种，是商业咖啡豆中优质的品种，但其抗病能力较弱，需要更多照顾和管理。其他品种如波旁、卡杜拉甚至瑰夏，也有小范围的种植。

随着这几年咖啡市场的火爆，云南咖啡越来越为人所知，咖啡种植的产业化程度也有了快速发展，但在采摘、种植和加工等技术和管理上仍然有不少局限，在全球咖啡市场中的地位还不高，很难卖出好价钱。大量的咖啡豆仍然卖给咖啡巨头们制作成速溶咖啡。不过，随着精品咖啡浪潮的到来，高品质的云南小粒咖啡也开始得到国内外市场的关注，在越来越多的精品咖啡馆可以品尝到，反过来对上游种植户更精细化的种植和加工起到了推动作用。

云南保山、普洱、德宏、西双版纳等都是小粒咖啡的分布区。其中，保山是最早的产业化种植区域，高黎贡山的高海拔也给咖啡种植提供了条件。2010年12月24日，原国家质量监督检验检疫总局（现国家市场监督管理总局）批准对"保山小粒咖啡"实施国家地理标志产品保护。相信假以时日，云南咖啡一定可以在国际上享有更高的声誉，也希望大家多多支持我们本土的咖啡产业。

"咖啡带（Coffee Belt/Coffee Bean Belt）"和热带地区基本重合，也就是南北回归线（23°26′N～23°26′S）之间的带状区域（陆地）。这个带状区域穿越了世界上70多个国家，其中约50个都是咖啡生产国。

这是由咖啡的生长环境和所需条件所决定的。首先，咖啡生长在湿润的地方，需要充足的雨水，年均降水量要在1500～3000毫米，同时需要有一段稳定的旱季，保证果实成熟和收获；其次，咖啡需要的温度在15～30℃，且温度相对稳定，没有大的波动。这样的气候条件就决定了咖啡带的纬度范围。此外，热带地区偏酸性的肥沃土壤也是咖啡生长的必要条件。在咖啡带内，也仅有海拔较高的地方可以生长咖啡。特别是对于阿拉比卡种咖啡来说尤其如此，只能生长在海拔800～2000米以上的山地和高原台地。

对于阿拉比卡种咖啡来说，高海拔既能保证温度稳定在相对较低的水平，又能保证良好的排水。同时，温度更低，咖啡成熟得更加缓慢，有时间积聚更多的风味物质和糖分，因此风味明显更好。特别是一些火山地区，海拔高的同时，土壤肥沃，富含矿物质，可以出产高品质咖啡。稳定的温度非常重要。虽然南北回归线以外的区域也有适合阿拉比卡咖啡的较低的平均温度，但比起热带的高海拔地区来说，温度的波动要大得多。

罗布斯塔种咖啡对于条件要求没有那么严苛，植株更强壮，适应能力更强，需要的温度也更高，海拔在200～600米的丘陵地带就可以种植。因此，越南、我国的海南省等地都更适合罗布斯塔咖啡豆的种植。

优雅而充满诗意的
耶加雪菲

　　"耶加雪菲（Yirgacheffe）"这个优雅而充满诗意的名字现在已经为人熟知了。在瑰夏之前，耶加雪菲毫无疑问是最受追捧的精品咖啡之一。印象中我喝的第一杯浅烘的咖啡就是耶加雪菲。直到今天，它也是我的"口粮豆"必选之一。

　　耶加雪菲产于"咖啡故乡"埃塞俄比亚的一个小镇，位于埃塞俄比亚中南部盖迪欧地区，在东非大裂谷形成的山脉之上。由于这里出产的咖啡豆风味独特，品质很高，现在很多产自那里的咖啡豆都会被打上"耶加雪菲"的名字。2004年，为推广本国的咖啡，埃塞俄比亚政府还为"Yirgacheffe"产区名申请了专利。

　　由于这一地区海拔高（1700~2200米），温度较低，咖啡生长速度相对缓慢，有足够长的时间积聚更多的营养成分和风味物质，因此形成了风味独特的耶加雪菲咖啡，得到全世界的广泛认可。

好咖啡
没有秘密

耶加雪菲风格鲜明，最为突出的是它清新柔美的茉莉、玫瑰般的花香，柑橘类（如柠檬、西柚、佛手柑、橙子）和莓果（如蓝莓、草莓、覆盆子）般的香甜气息和坚果、巧克力般的尾韵。第一次接触的人会感觉它更像是清爽纯净的茶，而非醇厚苦涩的咖啡。

耶加雪菲以水洗处理法闻名，其独特的风味一部分要归功于水洗处理。现在也有一部分采用日晒处理法。与水洗豆相比，日晒处理的耶加雪菲醇厚度更高，口感更加紧实，酸度也稍低。

耶加雪菲产区内还可以区分不同的微产区和庄园/合作社，如著名的迷雾山谷（Misty Valley）、孔加（Konga）、科契尔（Kochere）等，它们出产的咖啡在保留耶加雪菲特色的基础上，又各有不同。

耶加雪菲，通常被烘焙至浅度或中浅度，以手冲或法压壶、爱乐压等方式制作，可以最大限度突出其干净、柔美的特点。当然，用意式咖啡机进行萃取并制成美式咖啡，或者以单品意式浓缩咖啡制作奶咖，也都是很不错的选择。

阿拉比卡咖啡主要产地及特征

	埃塞俄比亚	肯尼亚	巴西	哥伦比亚
海拔	1400 ~ 2200 米	1200 ~ 1900 米	700 ~ 1350 米	1200 ~ 2300 米
豆种	原生种	SL34、SL28、鲁伊鲁（Ruiru11）	波旁、卡杜艾、卡杜拉、新世界	铁皮卡、卡杜艾、卡斯提优、波旁
风味特征	多样而充沛的花果香	莓果、热带水果，酸度密实明亮，香气甜美	低酸、醇厚、巧克力坚果	风味区间广，从巧克力到果酱均有，平衡度高

/ 好咖啡
没有秘密

印度尼西亚	巴拿马	哥斯达黎加	危地马拉	中国（云南）
900～1800 米	1100～2000 米	700～1900 米	1300～2000 米	800～1800 米
铁皮卡、卡杜艾、S795、波旁、卡蒂姆	卡杜拉、卡杜艾、铁皮卡、瑰夏等	铁皮卡、卡杜艾、卡杜拉	波旁、卡杜拉、卡杜艾等	卡蒂姆、铁皮卡等
醇厚、低酸、木质、土壤、辛香	柑橘与花香，清淡茶感，层次丰富	酸度适中，柔和干净，淡雅花香果	风味区间广，从巧克力香料到果香均有	低酸、坚果、谷物

花魁，
百花之魁首

经过几年的沉淀，在精品咖啡圈子中逐渐为人熟知之后，花魁终于被大型连锁咖啡店带"出圈"了。花魁，本意为"百花之魁首"，因此也被用来形容绝色佳人。因为瑰夏的别称是艺伎，很多人理所当然的认为，花魁就是瑰夏吧？

其实并非如此。瑰夏有艺伎的称呼，是因为英文名称Geisha和日文中的艺伎同音，但花魁这一名称，却是彻彻底底国人的"专利"。花魁既不是咖啡豆的品种，也不是产地，而是一款来自埃塞俄比亚古吉（Guji）产区的咖啡豆产品名。古吉产区紧邻耶加雪菲产区，曾是西达摩产区下的一个小区域，平均海拔在1800米以上，具备出品优质咖啡所需的风土条件。2016年7月，正在埃塞俄比亚"寻豆"的弘顺公司看中了一款来自古吉子产区罕贝拉（Hambella）的日晒咖啡豆。这款豆子在当时的埃塞俄比亚竞赛（Ethiopia Taste of Harvest）中获奖，经过对样品的测试，弘顺公司决定采购这款豆子回中国。受到美国咖啡生豆商"九十加"（Ninety Plus Coffee）给生豆起名字的启发，弘顺决定为这款豆子起一个更容易传播，也带有中国色彩的名字，于是，他们想到了"花魁"。这样日后也可以和名为"艺伎"的瑰夏同场竞技、争奇斗艳。2016年8月，"花魁"之名正式启用。

严格意义上说，只有弘顺公司从埃塞俄比亚古吉罕贝拉产区蒂姆图（Dimtu）区域的几个（后来扩大到几十个）处理厂进口到中国国内的咖啡会被命名为花魁。不过，后面随着市场需求的扩大，也有一些生豆商转而直接从原产地寻找同样产区的咖啡，也沿用了花魁之名。这种做法自然也引发了一些争议。

2017年以来，花魁后续新的批次命名方式则在后面加上了数字。2017年的首批花魁和2020年后的花魁4.0到6.0来自布谷（Buku Abel）处理厂，而2018年的花魁2.0和2019年的花魁3.0则来自附近的另外两个处理厂。此外，还有特定品种的微批次花魁3.1等。到2023年，花魁已经进入到了7.0版本。

花魁的种植海拔一般在1900米以上，采用全红果采收（100%成熟的咖啡樱桃），通常带有热带水果、草莓、柑橘、百香果、奶油等风味，甜感突出，口感干净、顺滑。由于产区每年气候都会有所变化，且混合了不同品种和地块，不同批次间的外形、风味等都会有一定的差异。比如，2022年的花魁6.0，由于采收前的一段时间雨水不足，豆子外观不够饱满，不过风味却更加甜美和复杂。

　　Heirloom一词本意是指在一个家族中长期拥有且代代相传的珍贵之物，通俗说就是"传家宝"，其实并非一个品种，而是一种笼统含糊的名称，以此来简单概括埃塞俄比亚大量无法被归类的咖啡品种。牧羊人因为看到羊吃了咖啡果兴奋起舞而发现了咖啡的传说也许未必真有其事，但大量研究表明，埃塞俄比亚确实极有可能是咖啡的故乡。在埃塞俄比亚的高海拔原始森林之中，生长着数千乃至上万个不同品种的咖啡植物。这些咖啡千差万别，与人类较早发现并大规模种植的铁皮卡、波旁等品种不同，咖农会将它们混在一起采摘和处理，因此采购商们便用"Heirloom"一词笼统地指代这些咖啡豆，在国内被译为"原生种"或"传家宝"。其实，这些咖啡豆并非没有名字，当地人会以当地语言为它们命名，比如"Badessa""Kurume"等。

　　"原生种"咖啡有些是野生状态，完全自然生长，在产季才有咖农前去林中采收，有些是半野生状态，咖农会定期去林中修剪枝叶，还有一些则已经经过优选，在一定范围内进行了人工的栽培和推广。埃塞俄比亚的吉玛农业研究中心（JARC）在咖啡品种的选育方面做了大量的工作，以从中选育高产量、抗病害的品种，比如74100等。不过，当同一个品种种植于不同产区时，会呈现不同的风味特征，这也构成了给每个品种独立命名的障碍。

　　随着埃塞俄比亚咖啡产业的发展，更加精细化的管理成为可能，品种的价值越来越得到重视。因此，有越来越多突出的咖啡品种如"Kurume""Wushwush"等以单独的名称进行售卖。

曼特宁咖啡，拥有独特处理后的好味道

曼特宁咖啡（Mandheling）曾经是精品咖啡店菜单上的标配，不过随着时间的推移，它被许多后起之秀取代了。曼特宁咖啡产自印度尼西亚西端靠近印度洋一侧苏门答腊岛北部地区。18世纪时，为了打破阿拉伯人对咖啡贸易的垄断，荷兰东印度公司开始尝试在当时的荷兰殖民地印度尼西亚进行咖啡种植，逐渐覆盖了包括爪哇、巴厘、苏门答腊、苏拉威西在内的诸多岛屿。印度尼西亚位于赤道附近，同时是世界上拥有火山数量最多的国家，合适的地理位置和肥沃的土壤非常适合咖啡种植，不过大多数出产的是罗布斯塔咖啡豆。

而曼特宁是印度尼西亚非常少数的阿拉比卡种咖啡。其主要产区在苏门答腊北部苏北省的林东/多巴湖地区，和亚齐特区的塔瓦湖地区海拔750~1500米的山地。

不过，曼特宁不像耶加雪菲一样是产区名，

也不像瑰夏一样是品种名，而是来自一个族群的名字Mandailing［当地语言mande（母亲）和hilang（遗失）组合］。根据当地说法，第二次世界大战时期，一个日本士兵询问当地咖啡店主喝的是什么咖啡，店主误以为是在问自己的族群身份，于是回答"Mandailing"。战后日本开始从这里进口咖啡时，便以当时士兵听到的"Mandheling"为名。这一名称后来就成了苏门答腊阿拉比卡咖啡的代称，被全世界广泛接受。

曼特宁咖啡多采用苏门答腊特有的湿刨法处理。印度尼西亚气候潮湿，如果不能及时干燥，咖啡豆会发生霉变，因此会在水洗和初步干燥后尽快将内果皮（羊皮纸）脱去，直接将咖啡豆暴露晾晒。这种处理法适合当地的气候条件，而且节省时间和成本，咖农可以更快得到回报，但缺点是瑕疵豆比较多，需要进行多轮筛选和剔除。

曼特宁咖啡酸度低，醇厚度高，符合大众对咖啡的原有认知，因此接受起来更容易。曼特宁的风味带有泥土、木质、巧克力、焦糖和一些草药味。除了受品种和风土的影响，跟湿刨法处理也有很大关系。优质的曼特宁咖啡有明显的奶油、黑巧克力和坚果风味，口感顺滑，有回甘，一般采用中度烘焙或深度烘焙。现在，随着精品咖啡的推广，也有越来越多的苏门答腊咖啡采用水洗、日晒、蜜处理等方式进行处理，出口时也会标明产地或庄园，虽然有时为了方便人们认知，还带着"曼特宁"的字样，却有了更加复杂、干净的风味，与以往的曼特宁大不相同。

猫屎咖啡

　　猫屎咖啡（Kopi Luwak）原产于印度尼西亚，是一种麝猫（也叫麝香猫、香猫）进食咖啡浆果后，经过消化排泄出的咖啡种子即咖啡生豆。麝猫是一种胆小的夜行动物，在夜间它们会偷跑到咖啡种植园中，偷吃成熟的咖啡果实。而咖啡的种子不能被消化掉，会随粪便排出。由于当时的荷兰殖民者不允许种植园的工人采集成熟的咖啡豆自己饮用，这些麝猫的粪便被工人收集起来，其中的咖啡豆经过清洗和处理后就可以饮用了。

　　排泄出的咖啡豆会被彻底清洗和干燥，去掉内果皮，然后烘焙成商品。在麝猫肠胃中的发酵过程会赋予这些咖啡豆特殊的味道。咖啡浆果的果肉等在麝猫的肠道中被消化掉，而胃液和酶的作用被认为可以提升柠檬酸的水平，从而给咖啡豆带来一些柑橘的味道。此外，猫屎咖啡还被认为带有巧克力和泥土的味道。当然，也并不是所有人都认可这些味道，美国精品咖啡协会（SCAA）就曾表示"业界的共识是它尝起来很差"。

　　一个偶然的机会，猫屎咖啡的故事被西方人了解，进而被大肆追捧，猫屎咖啡的价格被严重炒作，一杯真正的猫屎咖啡在几百到上千块。正因如此，人工饲养麝猫获取的"假货"也广泛存在，除了原产地印度尼西亚，在越南、印度、菲律宾和我国云南都有生产。

　　但是对于麝猫这种胆小独行的动物来说，人工饲养的条件非常恶劣，它们被关在狭小肮脏的笼子里，强制不停吃下咖啡浆果，由于巨大的精神压力，它们甚至互相撕咬以致逐渐死去，这种情况已经受到了动物权利组织关注。因此，非常不建议饮用这种咖啡。

咖啡处理，
从果实到种子

　　和多数农产品一样，咖啡并不可以直接拿来饮用，从植物的种子到可饮用的咖啡，这中间必不可少的一个环节就是"处理（Processing）"，这一看似笼统的词汇其实是专指将咖啡生豆从咖啡树的果实中"解放"出来的过程。

　　咖啡豆是茜草科咖啡植物的种子，它存在于咖啡的果实里（因为形似樱桃，一般也叫作咖啡樱桃）。可以将其类比理解为桃核和杏核里面的桃仁和杏仁。

　　咖啡因在种子里存在最多，在果肉里虽然也有，但含量不高。咖啡樱桃的果肉可以食用，有蜜瓜和芒果般的甜味，但其实果肉很少，只有薄薄一层。干制的咖啡樱桃果肉也可以泡水饮用，称为咖啡果皮茶（Cascara tea）。

　　咖啡处理的主要目的，就是将成熟咖啡樱桃中的种子取出，然后将其干燥，脱除大部分水分，方便后续储存、运输和加工。

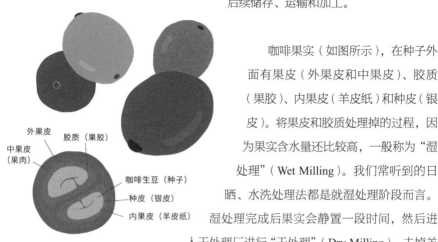

外果皮
中果皮（果肉）
胶质（果胶）
咖啡生豆（种子）
种皮（银皮）
内果皮（羊皮纸）

咖啡果实（如图所示），在种子外面有果皮（外果皮和中果皮）、胶质（果胶）、内果皮（羊皮纸）和种皮（银皮）。将果皮和胶质处理掉的过程，因为果实含水量还比较高，一般称为"湿处理"（Wet Milling）。我们常听到的日晒、水洗处理法都是就湿处理阶段而言。湿处理完成后果实会静置一段时间，然后进入干处理厂进行"干处理"（Dry Milling），去掉羊皮纸（脱壳），进行筛选和分级，最后装袋运输。这样咖啡果实就最终成为可以在市场上作为大宗商品交易的咖啡生豆。

不论是哪一种处理法，都会受到环境的影响，对咖啡豆风味产生一定程度的改变，使得用其烘焙后制作的咖啡也不可避免带有这种处理法所特有的风味特点。因此，咖啡处理法也逐渐被当作一种控制和调整咖啡风味的手段。近年来出现了很多不同的特殊处理法，包括厌氧处理法、红酒处理法、朗姆酒/威士忌桶处理法、乳酸发酵处理法等，都是通过控制发酵环境，利用微生物影响咖啡风味。不过，特殊处理法在受到一些咖啡爱好者追捧的同时，也受到了一定质疑。一些网红咖啡单品带有过浓的本不属于咖啡风味的味道，因此有"香精豆"的嫌疑。不过，更多的探索和创新会给消费者更多选择，更多不一样的味觉体验。相信经过市场的逐渐筛选，真正的好风味会留下来。

"日晒"咖啡，
像晒葡萄干一样吗？

"日晒"处理法也被称为"干式"处理或"自然"处理，是沿用了几个世纪的古老处理方式。顾名思义，就是将采收后的咖啡浆果平铺在宽阔的地面，利用日光暴晒（两三周），将咖啡果脱去水分（至10%~13%），然后利用机器将干燥的果壳去除，得到咖啡生豆（多为绿色）。在此过程中需要不断翻动，以避免因为霉变、过度发酵和腐烂等产生瑕疵豆。

日晒处理法不依赖水资源，因此在水资源稀缺而光照资源充足、温度较高的巴西、埃塞俄比亚、印度尼西亚等国家广泛应用。普通的日晒方式成本较低，通常用来处理较低质量的咖啡豆，供给国内市场。但高品质的日晒咖啡豆需要生产者更为悉心的呵护和更多的劳力，因此也比较昂贵，比较稀缺。巴拿马的顶级瑰夏前些年只有经水洗处理的，不过近年来也增加了日晒处理的批次，风味别有特色。

日晒处理法通常将带果肉的咖啡浆果直接进行晾晒，由于变质和过度发酵而产生瑕疵豆的风险比较高。另外，晾晒的条件也会对咖啡豆品质有所影响，日晒咖啡豆比较容易混入谷物、石子、木屑等杂质。非洲常用一种晒床，晒床架高，上面铺网，咖啡豆日晒的过程从地面转移到晒床上，既可以增加咖啡豆和空气接触，加快干燥速度，避免霉变，又可以避免混入杂质，还可以方便处理者翻动和筛选。这样的晒床现在在中南美洲等地区也流行起来。

从风味上说，日晒咖啡豆由于带果肉晾晒，有更多的时间和果肉中的糖产生接触，让更多的物质渗入其中，从而带有更高的甜度、更高的醇厚度和水果风味（如蓝莓、草莓和热带水果风味等），风味较为浓烈，确实和晒葡萄干异曲同工。

但如果处理不好，日晒咖啡豆也会产生令人不悦的风味，如霉变和过度发酵的味道，或是掺杂了周围环境的味道。

其他处理方式如水洗、蜜处理等，往往在最后也有日晒干燥的步骤，但这样生产的咖啡豆并不会被称为"日晒咖啡豆"。

"水洗"过的
咖啡更干净吗？

　　"水洗"处理法始于18世纪中期，也是目前最常见的处理法之一。水洗处理法的过程有水的介入，且需水量较大，所需的设备也比较多，成本较高。

　　和日晒处理不同，水洗处理的核心在于将咖啡浆果的果肉层先去除掉，以大大减少后期干燥处理中可能出现的变量。

　　第一步，在去除果肉之前，水洗处理法会先将浆果倒入水槽中，借助水的浮力将混杂其中的杂质（如石子、枯叶等）、瑕疵豆、未成熟浆果等去除。

　　然后是去除果肉层的阶段，又分为两步，先用去皮机将外果皮和大部分果肉去除掉。但这并不能去掉黏黏地附着在咖啡豆上的果胶，因此要将咖啡豆置于干净的水槽中进行发酵，在此过程中残留果胶的黏性被逐渐破坏。发酵所需的时间和当地海拔、气候环境等都有关系，从几小时到几天不等。

/ 好咖啡
没有秘密

发酵结束后再用清水清洗以去除残留的果胶，得到带着内果皮的生豆（带壳豆）。然后还需要经过类似"日晒"的干燥或机器烘干，将含水量降低至12%左右。再经过一段时间的静置和脱壳，得到可以装袋出口的咖啡生豆。

发酵是水洗处理法最重要的特点，在此过程中，微生物将构成果胶的糖类分解掉，使其易于去除，同时，发酵产生的代谢物对于咖啡豆风味的发展也起着非常重要的作用。适当的发酵给咖啡增添更为丰富的风味和适度的酸度，得到更为干净的口感和花香、果味等香气。但反之，控制不当的发酵也会产生负面如尖锐和涩感的味道。

由于过程中去除了更多不可控因素，水洗咖啡豆被认为品质更高，且需要的资源、设备、经验和照顾较多，通常价格也相应更高。

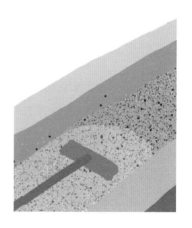

蜜处理，咖啡的
甜言"蜜"语

除了日晒和水洗，蜜处理也是比较常见的一种处理方式。从名字上看，经过这种处理的豆子应该会很甜吧！难道是在处理时使用了蜂蜜？

如果这样想你就大错特错了。蜜处理其实完全不会用到蜂蜜。被称为"蜜"的部分，是咖啡果实中琥珀色、含有大量糖分、黏膜样的胶质。

如之前介绍过的，日晒就是直接将采收的咖啡果实进行晾晒，然后将晒干后的果肉和胶质去掉，得到便于储存和运输的咖啡豆。水洗则是通过去皮机去除大部分果肉以后在水中发酵，以便去除残留的果肉和胶质，再进行干燥。而蜜处理是介于这两者之间的处理方式：先用去皮机将咖啡果实的果肉去掉以后，保留部分或全部胶质，直接进行晾晒干燥的处理方式。由于胶质部分带有蜂蜜一样的黏腻质地，且也有很多糖分，所以称为蜜处理。

/ 好咖啡
没有秘密

与蜜处理类似的半日晒或去皮日晒处理法20世纪90年代诞生于巴西，这种处理法在日晒之前会将大部分果肉和果胶都去除，减少了干燥过程中出现瑕疵豆的风险。在21世纪初，这种方法被引入中美洲，经过改进，成为了今日的蜜处理法，主要在哥斯达黎加和萨尔瓦多等地使用，其他地区近年来也有采用。中美洲会使用一种更省水的去胶质机，可以控制保留在豆表硬壳上的胶质比例，例如，保留20%胶质的就称为20%蜜处理，全部保留就是100%蜜处理。

根据保留的胶质比例、环境湿度、翻动次数、干燥时间不同，干燥时的咖啡会呈现不同颜色，从浅到深一般分为黄蜜处理、红蜜处理和黑蜜处理。颜色主要是由胶质氧化带来的。通常保留的胶质越少，环境湿度越小，干燥需要的时间就越短，且氧化和发酵就会越少，颜色也就越浅，反之则越深。巴西的去皮日晒（几乎不保留胶质）就比较接近中美洲的黄蜜处理。

蜜处理的咖啡豆兼具了日晒豆的甜度、果香和水洗豆干净、明亮的特点。由于存在发酵过程，相比日晒豆，蜜处理会增添一些酸度和酒香，而相比水洗豆，胶质中有更多的糖分进入咖啡豆，果香和甜感也更突出。

蜜处理的过程需要细致的管理，特别是对干燥的速度和环境需要严格控制。干燥过快，咖啡豆就不能很好地吸收胶质中的风味，而干燥过慢，出现过度发酵和霉变的风险就会很高，需要付出更多的劳动。而保留的胶质越多，风险就越大，因此黑蜜处理的价格往往更高。

常见处理法处理过程

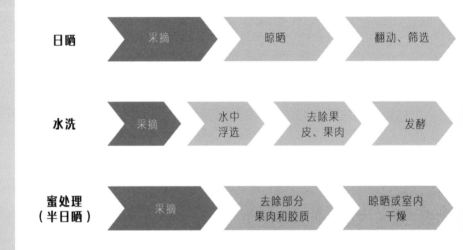

日晒 采摘 → 晾晒 → 翻动、筛选

水洗 采摘 → 水中浮选 → 去除果皮、果肉 → 发酵

蜜处理（半日晒） 采摘 → 去除部分果肉和胶质 → 晾晒或室内干燥

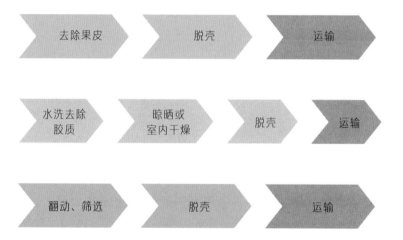

厌氧发酵，
让发酵"别捣乱"

最近几年，一些特殊处理的咖啡豆受到热捧，这其中不乏一些经过"厌氧发酵处理"的咖啡豆。而引发巨大争议的"香精豆"也与之相关。那么，什么是真正的厌氧发酵处理呢？

无论是前面提到的日晒、水洗还是蜜处理，在咖啡处理的过程中，都会伴随着或长或短的发酵过程。这些发酵都会对咖啡风味带来一定的影响，不过受很多因素影响并不可控，而"厌氧发酵处理"就是处理者主动控制发酵过程的一种方式。

在传统咖啡处理法中，因为咖啡豆暴露于空气中，有氧气的存在，各种微生物大量繁殖，发酵过程很不可控，霉变、腐败的风险很高。而厌氧处理的做法是，将去掉果肉只保留胶质或带着果肉的咖啡种子（咖啡豆）放入不锈钢或塑料桶密封，隔绝空气，将其控制在合适的环境中，放置几十小时到几天时间，并严密监控温度、酸碱度和糖度。这样就避免了发酵的不可控。在此过程中，发酵会将糖类物质分解为二氧化碳、乳酸或酒精以及其他一些副产品。这些物质会改变咖啡的风味，同时发酵产生的气体会增大桶内的压力，使得风味更好地渗入种子内。

厌氧发酵处理后再进行水洗处理，以脱除果胶层，一般就称为"厌氧水洗处理"，可以使风味更加干净、清晰，而厌氧发酵后，直接进行日晒干燥，则称为"厌氧日晒处理"，甜感则会更加突出，还略带酒香。

有些咖啡处理者会将完整的咖啡樱桃放入容器中，同时充入二氧化碳，并通过单向排气阀排出空气，这种做法称为"二氧化碳浸渍法"。这种做法借鉴自葡萄酒，可以使氧气更少，降低糖分分解速度和酸碱度下降的速度，更好地控制咖啡的酸度和甜度。一些咖啡会经历两次厌氧处理，称为"双重厌氧处理"。比如一次是在带着果皮、果肉时，而另一次则是在去掉了果皮、果肉，只保留胶质时进行。

个别处理者还会在容器中加入其他咖啡豆品种的果肉、胶质或提取物，甚至是一些水果和香料，以塑造咖啡风味。这样的处理方式就引发了巨大的争议。如果处理者过于依赖添加物影响咖啡的风味，则不可避免地让人产生"香精豆"的质疑。

咖啡风味
"炒"出来

　　经过处理的咖啡生豆还有一定的水分，不仅无法研磨，即使成功萃取也几乎无风味可言，只有令人不悦的干草或蔬菜味道。寡淡如草汁的味道，相信没有人会喜欢。

　　用火烘烤咖啡豆的想法大约来自于13世纪的埃塞俄比亚。早期的咖啡烘焙是在明火上使用炒锅进行的，有的也会使用带网眼的锅具。这样的焙炒方法现在在埃塞俄比亚等地仍然不难见到。如果感兴趣，你可以试试在自家炉灶上用炒锅翻炒咖啡豆。虽然听起来有点粗糙，但那过程中的香气一定会让你终生难忘。咖啡烘焙机的发明和对咖啡豆品控的要求，使得咖啡烘焙从家庭烘焙转向工厂批量烘焙。不过，仍然有很多咖啡爱好者在家烘焙咖啡豆。

　　不同于咖啡生豆，烘焙过的咖啡豆风味大变，带有复杂而迷人的芳香味道。咖啡豆含水量逐渐降低，体积随之膨胀，质地也变得酥脆。在烘焙过程

*好咖啡
没有秘密*

中，咖啡豆发生了众多的化学反应，其中包括美拉德反应、焦糖化反应和降解反应。这些反应为咖啡豆带来了颜色的变化，还会产生甜味、苦味和酸味，构成咖啡品尝的风味要素。同时这些反应也会产生超过800种的易挥发芳香化合物，而这正是咖啡香气的来源。

简单来说，咖啡烘焙有以下几个阶段，其中分别对应了几种常见的烘焙程度：

1. 生豆脱水——去除掉生豆中的水分，外观和气味没有变化。

2. 转黄——颜色加深呈黄色，开始有烤面包或者炒坚果的香气，但内部未熟透，一般不适合饮用。

3. 一爆——反应加速，咖啡豆内部产生大量二氧化碳和水蒸气，压力增大，咖啡豆开始爆裂，发出清脆的声音。豆子膨胀一倍，呈现浅棕色，对应"浅度烘焙"（包括肉桂式烘焙和新英格兰烘焙）。

4. 风味发展——在一爆尾段快要结束或刚刚结束时，咖啡豆表面趋于平滑，上色至常见的咖啡色，香气和甜味开始凸显，对应"中度烘焙"和"城市烘焙"（过去纽约的咖啡烘焙师中比较流行的烘焙风格）。咖啡豆颜色加深至棕色，本身的酸味在降低，但仍然突出，伴随花果香气和甜味，同时烘焙带来的坚果、焦糖和黑巧克力风味开始出现，而口感的醇厚度则比较低。这种烘焙度平衡度高，因此适用于多数的咖啡豆。

5. 二爆——再次出现爆裂，咖啡豆内部油脂聚集到表面，豆子发亮，大部分酸味消失，同时出现苦味和甜味，更深则有焦香。对应"深度烘焙"（包括完全城市烘焙、维也纳烘焙）。咖啡豆本身的酸味和香气进一步消失，甜感和醇厚度有所提升，而烘焙带来的坚果、黑巧克力风味则更加突出。不同咖啡豆的风味在这种烘焙度下开始趋于一致。这一烘焙度的咖啡豆经常被用来制作意式浓缩咖啡。

更深的烘焙包括"法式烘焙"和"意式烘焙"，除了咖啡豆表面油亮以外，颜色也转至深褐色或黑色。这种咖啡非常苦，咖啡豆的个性消失，一些大型连锁咖啡店制做意式浓缩咖啡时会倾向于使用这种烘焙度，但如果你想要品尝不同咖啡豆的风味，就不建议选择了。

6. 冷却——停止烘焙，让咖啡豆快速冷却至室温，冷却速度如果不够快，则会过度烘焙。

不同的咖啡豆本身所含的风味物质会有所不同，也就需要在烘焙时区别对待，烘焙者通过调整时间和火候，可以选择性地抑制或凸显某些特定味道，以使其达到最佳风味。

烘焙过程到哪个阶段终止，这些咖啡豆就是哪种烘焙程度/深度。这是由商家和烘焙师根据不同的咖啡豆和不同萃取方式等来决定的，也反应出他们的不同偏好。

不同烘焙阶段对应烘焙程度

	脱水期	转黄	一爆前	一爆中	一爆结束	一二爆间隙	二爆前	二爆中后
豆温	155℃以下	155~190℃	190℃	195℃	205℃	205~220℃	220℃	220℃以上
颜色	绿色	黄色	黄褐色	浅棕色	棕色	深棕色	棕褐色	深褐色或黑色
烘焙程度	未熟	未熟	极浅度	浅度、轻度	中度	中深度、城市烘焙	深度（重度）、完全城市烘焙	极深、法式（意式）烘焙

生豆　　未熟　　极浅　　浅　　中　　中深　　深　　法式

炭烧咖啡

炭烧咖啡就是以木炭作为热源烘焙出的咖啡豆，和以这种咖啡豆制作的咖啡。相信喜欢在街边吃烧烤的小伙伴们对木炭不会陌生。在咖啡豆烘焙机出现之前，咖啡豆通常是用锅来"炒"的，热源即燃料包括日常使用的木柴和煤等，也包括木炭。

日本商家使用炭火烘焙咖啡的历史可以追溯到第二次世界大战前。据说，创业于1928年的神户萩原咖啡的创始人萩原三代治，在看到用木柴烤制的面包后得到启发，发明了炭火烘焙咖啡豆的做法。不过，当时可能也有其他商家在使用同样的做法。后来，燃气大规模使用后，多数烘焙咖啡豆的商家都改用了燃气，只有包括萩原咖啡在内的少数商家直到今天仍然延续这种做法。

使用木炭进行烘焙时，对于木炭的选择有很高的要求，太软或太硬都不行。日本知名的备长炭就是其中优质的选择，含碳量很高，但产量极少，很难大规模使用。其他优质木料如苹果木也有人采用。不过，木炭特别是优质木炭的成本，比使用燃气和电力要高很多。

使用炭火烘焙的人认为，木炭在燃烧时可以发出红外线，热量可以均匀地由外而内传递到咖啡豆的中心，由此可以获得更多的芳香物质，烘焙出的咖啡豆更香、质地也更膨松。此外，炭火的干燥度很高，适合用于生豆脱水。不过也有人认为炭火并不比燃气更有优势，如果有特别的香味的话，不过是因为有炭粉附着在了咖啡豆上而已。

除了香味，炭烧咖啡的口味很苦，烟熏味重，几乎没有酸度，个性非常突出，风味浓郁。加糖或牛奶、炼乳以后，风味就平和很多。炭火烘焙咖啡的劣势也很明显，除了成本高以外，炭火烘焙时的火力不好调节，需要经验丰富的烘焙师时刻守在烘焙机旁进行观察和调整。另外，炭火烘焙的过程中会产生一氧化碳，需要时刻注意安全，防止中毒。

深烘焙的咖啡，
劲儿更大吗？

同样的咖啡豆，浅度烘焙时通常酸度比较明显，中度烘焙时风味平衡，而深度烘焙时则会有更加浓烈的苦味。于是，我们自然会倾向于认为，深度烘焙的更苦、味道更强烈的咖啡所含咖啡因也更多，提神效果自然比浅烘的更好，俗称"劲儿大"。然而也有一些人认为，深度烘焙的过程会导致一部分咖啡因被"烧掉"，因此浅度烘焙的咖啡因更多。那么，烘焙对咖啡因的含量会有影响吗？深度烘焙的咖啡中咖啡因究竟是更多，还是更少呢？

其实，相关科学研究已经表明，在烘焙程度逐渐加深的过程中，咖啡因的含量是非常稳定的，几乎没有变化，既不会增多，也不会被"烧掉"。也就是说，相同的三份咖啡生豆，分别进行浅烘、中烘和深烘时，咖啡因的含量是基本相同的。然而，这也并不代表我们喝到的不同烘焙程度的咖啡中咖啡因含量就是相同的，问题其实主要出在烘焙时咖啡豆的体积/密度/重量变化和我们称量咖啡豆的方式上。随着烘焙程度加深，咖啡豆的体积会膨胀，密度减小，重量也随着水分和其他一些物质的分解而逐渐减轻。同样的咖啡豆，深烘时比浅烘时的体积大、密度小、重量轻。如果我们遵循同样重量的咖啡豆来制作咖啡，深烘会比浅烘需要数量更多的豆子，也就的确会带来更多的咖啡因。比如，如果使用15克豆子做咖啡，浅烘需要120颗咖啡豆，深烘则可能需要140颗。

但如果我们使用固定体积的量杯或勺子来称量咖啡豆，这时深烘的豆子体积大，称出的数量就会少于浅烘，摄入的咖啡因反而相对更少了。

其实，除了低因咖啡外，其他咖啡的咖啡因差别并不大，不值得去纠结，深烘浅烘都可以提供充足的咖啡因和提神效果。所以我的建议是，选择和制作咖啡时更多遵从口味的偏好，毕竟，我们是在品尝和享受一杯饮品，而不是在服用"提神药水"。

低因咖啡可以
"敞开喝"吗？

有些人虽然喜爱咖啡的香气，但却"无福消受"，因为饮用咖啡时总会出现心悸、失眠、胃痛等反应。于是，低因咖啡就成为他们更好的选择。那么，低因咖啡其中的咖啡因到底有多低呢？

咖啡因是一种植物生物碱，能够起到提神作用，在医学临床上也有重要用途。但是，由于基因的差异，不同人对于咖啡因的吸收能力和降解方式不一样，表现出的反应也就不同。同时，过量摄入咖啡因也会导致不良反应的发生。每人每天摄入咖啡因不应超过400毫克，约4杯咖啡，特殊人群如孕妇、心脑血管疾病患者、青少年、咖啡因敏感体质人群以及生理期女性都需要尽量减少咖啡因摄入。

低因咖啡并不是100%不含咖啡因，而是其中的咖啡因含量确实相对较低。低因咖啡是在咖啡豆烘焙前，通过特殊的处理方式将生豆中的咖啡因提前萃取去除后，得到的咖啡豆制作的咖啡。根据美国农业部的要求，进行低因处理后的咖啡豆中的咖啡因含量应该减少至原咖啡因含量的3%以下。

常见的脱除咖啡因的技术有三种，即溶剂处理（又分直接和间接溶剂）、瑞士水处理和二氧化碳处理。咖啡因可以被溶剂、水和超临界状态二氧化碳萃取出来，从而去除。但在处理过程中，咖啡豆中一些其他物质也会损失掉，从而影响咖啡风味和颜色。

除了目前的咖啡脱因方式外，科学家也在试着找出天然的低因咖啡变种来繁育或和目前的品种进行杂交，其中就包括最早来自留尼汪岛的劳莉娜（Laurina）品种（波旁的一个天然变种）。它的咖啡因含量是一般阿拉比卡品种的1/3到1/2，不过由于产量和风味等原因，直到目前，这些尝试的成果还未能大规模进入市场。此外，科学家们也在探索使用基因编辑等新技术对咖啡进行脱因处理。

不过仍然要提醒的是，低因咖啡虽然咖啡因减少了，也不要"敞开喝"。而且咖啡的一些其他负面影响如导致钙质流失、糖和植脂末摄入过量等，也会随着咖啡饮用量加大而倍增。还需要注意，除了咖啡以外，其他一些饮料和食品也含有咖啡因，如茶、可可/巧克力、可乐等，你可能会在不知不觉中过度摄入咖啡因，如果你的耐受程度较低，除了咖啡外，也别忘了注意下这些食物。

不同饮品或食品咖啡因含量

质量 / 体积	咖啡					
	美式 / 拿铁等意式咖啡	手冲咖啡	胶囊咖啡	挂耳咖啡	速溶咖啡	低因咖啡
	16 ~ 18 克咖啡粉	15 克咖啡粉	7 克咖啡粉	10 克咖啡粉	10 克速溶咖啡	15 克咖啡粉
咖啡因含量	80 ~ 250 毫克	80 ~ 150 毫克	60 ~ 75 毫克	60 ~ 100 毫克	60 ~ 120 毫克	3 ~ 5 毫克

* 美国食品药品监管局、欧盟食品安全局、加拿大卫生部等机构建议健康成年人每天摄入不超过 210 ~ 400 毫克的咖啡因。

好咖啡
没有秘密

茶	巧克力			软饮	
绿茶、红茶	黑巧克力块	牛奶巧克力块	热巧克力饮品	能量饮料	可乐
240 毫升	28 克	28 克	200 毫升	330 毫升	330 毫升
30 ~ 50 毫克	24 毫克	6 毫克	5 ~ 15 毫克	80 ~ 160 毫克	30 ~ 40 毫克

Part
4

怎么品咖啡

——喝出来，说出来

咖啡对于多数人来说带有一种神秘的陌生感。即便是经常喝咖啡的人面对它时，也常常面临味蕾和语言的双重匮乏。如果你尝试踏进精品咖啡的领地，更好地欣赏咖啡的魅力，并与身边的人分享，那么掌握一些品味和描述风味的基本内容，就会大有帮助了。在这一部分，我将列举品鉴和描述咖啡的几个重要维度，下次喝咖啡的时候你不妨对照着体会下。当然，最好的方法还是多留心生活中的风味。多吃水果、蔬菜及零食，再喝咖啡的时候总会在其中找到它们的影子。其实，只要你拥抱生活，打开你的感知"接收器"，认真对待生活中每一个细节，果蔬、美食、花花草草，甚至是阳光、雨露和风，它们都会毫无保留地带着颜色、味道、触感向你扑面而来。你会由此发现一个更加丰富多彩、更加生动的大千世界。

如何简单快速描述
咖啡风味？

我们常常会在咖啡店品尝到一杯咖啡时，不知道如何用语言来描述这杯咖啡的味道，同时又喝不出菜单上描述的风味，这时我们总不免感觉到感官的迟钝和词汇的贫乏。其实，大可不必有这样的忧虑，每个人的感官条件本就不同，对不同风味的感知存在天然的差异，并且，通过积累和训练完全可以提升感知和描述咖啡风味的能力。

由于基因、成长经历和阅历的不同，每个人对于味道的感知都不同，关于味道的不同描述没有高下之分，完全不必因为你喝到的味道和别人不同，或是无法理解包装或菜单上的风味描述而感到困惑、尴尬甚至羞愧。在品尝每一杯咖啡时，都可以充满自信地去感知和谈论它，正如那句话所说，"喝到什么就是什么"。

在描述咖啡风味时，先从几个大的方向和维度出发，沿着每个方向再深入感知和思考。比如从视觉、嗅觉、触觉和味觉角度来描述。

虽然肉眼不能感知咖啡的风味如何，但视觉看到的信息仍然能告诉我们一些影响风味的因素。比如，一杯干净、澄澈、在玻璃杯中呈琥珀色的手冲咖啡，大概率是浅度烘焙，花香、水果气息和酸度可能更容易被感知到。而一杯颜色很深且略显混浊的咖啡，则提示我们它的口感可能偏厚重，味道也可能比较苦。

嗅觉的感知包括两个部分，即干香（Fragrance，咖啡豆和研磨后咖啡粉的香气）和湿香（Aroma，从闷蒸到萃取出的咖啡液的香气）。咖啡中有很多挥发性芳香物质，受到温度的影响会很快发生变化，可以在不同阶段进行多次感知。温度较高时会影响感知，而温度太低时香气已经挥发殆尽。正常的咖啡一般可以闻到如花香、水果、谷物、巧克力、酒、烟熏等味道，而霉味、酸臭等负面味道则提示豆子可能有瑕疵等问题。

触觉主要是咖啡在口中的口感（Mouthfeel）和质地，也就是醇厚度（Body）。醇厚度的高低可以参考全脂和脱脂牛奶的对比，用薄和厚、轻和重来描述。醇厚度越高，感知到的黏度就越高，对舌头的包裹感就越好。是否干净、顺滑、圆润，也是描述口感的方式。

味觉是咖啡液进入口腔后味蕾捕捉到的风味（Flavor），一般包括酸、甜、苦、咸。酸有像水果的活泼、干净的酸，也有像葡萄酒般带涩感的酸。苦味虽然令人不悦，但有时却可以适当地平衡掉酸，提升咖啡的层次感。甜味和咸味则相对微妙，很少出现且稍纵即逝，但一旦察觉，应该不难分辨。

香气和风味的描述常常借助我们更为熟悉的味道进行类比，可以用任何你熟悉的味道，也可以借助"风味轮"这样的工具。"风味轮"是由专业机构绘制的咖啡风味图谱，从中间向外逐渐细化。中间的大类包括了花、水果、酸/发酵、甜味、可可、香料、烘焙等，每个类别下又进一步细化，如水果细分为莓果、果干、柑橘类和其他水果。

除了香气、口感和风味以外，你还可以描述咖啡的余韵/回味（Aftertaste）和均衡度（Balance）。余韵是指喝完以后香气和风味在口中留存的长短，而均衡度则是指酸、甜、苦、醇厚等综合起来的平衡感。如果咖啡的某一方面特质特别突出，而另一方面则有所欠缺，可能就没有那么协调。

其实，与其"死磕"咖啡的风味，我更建议大家多留意生活中的其他香气和风味。我们的味觉记忆来自四面八方。你吃过的水果、蔬菜、甜点等，闻到过的香料，甚至是一些奇奇怪怪的味道，都会让你在面对咖啡或其他食物时有更多的味觉记忆可以调用。只要你认真观察和体会生活，生活的细节总会在你需要的时候，向你"扑面而来"。

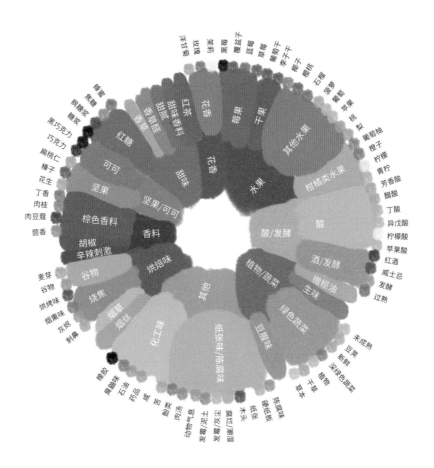

为什么咖啡是酸的?

　　我遇到过很多人，在描述自己的咖啡偏好时，都会提到"不喜欢酸的"。其实，在我刚接触精品咖啡时，也会惊讶于一些咖啡的酸度，因为这和印象中的"苦咖啡"完全不同。虽然尖锐的酸确实可能让人不悦，但喝了更多的咖啡以后才发现，缺少酸度的咖啡，真的就少了一点色彩，少了一点深度，也少了一点平衡。那咖啡为什么是酸的?怎样欣赏这种酸呢?

　　酸是咖啡正常的味道之一，也可以说，咖啡味道本来就有酸的这一面。只不过在单品咖啡流行以前，意式奶咖和三合一速溶咖啡等大行其道，酸味被极深的烘焙度和其他添加物抑制或掩盖了，所以我们熟悉的咖啡以"苦咖啡"为主。

　　咖啡中含有超过30种的酸性物质，也使得咖啡整体的酸碱度偏酸性。虽然这些酸性物质并不等同于我们谈论的咖啡的酸味，但却是酸味的来源。咖啡豆中酸性物质的多少取决于咖啡品种和其产地气候条件。

例如高海拔低温地区的咖啡豆酸性物质更多，风味也更丰富。

这些酸性物质大致可以分为两类：绿原酸和有机酸（柠檬酸、苹果酸、酒石酸、乳酸等），构成了咖啡酸味的主要来源。其中有机酸赋予了咖啡不同的风味特征。如苹果酸和新鲜青苹果的味道类似，柠檬酸则带来柑橘类的气息，酒石酸有葡萄风味等。

而绿原酸在咖啡豆烘焙的过程中会逐渐分解，产生奎宁酸。奎宁酸会有令人不悦的苦味和酸涩味。因此，随着烘焙深度的加深，绿原酸逐渐减少，咖啡的酸度逐渐降低，苦味逐渐加重。所以浅度烘焙的咖啡更多呈现酸味，深度烘焙的咖啡苦味更重。

除了品种、产地和烘焙程度以外，生豆的处理方式、冲煮方式、萃取时间、水温以及研磨程度都会对咖啡的酸味强弱带来影响。例如，一般来说，水洗处理的咖啡豆相比日晒豆的酸度更高，而研磨较粗的咖啡粉相比更细的酸度更高。

咖啡酸味的强弱本身无法告诉我们咖啡的好坏，因为一些酸味是令人愉悦的，而另外一些则令人厌恶。也就是说，"酸"本身也有好坏，就好比陈醋的酸和橙子的酸，带给品尝者的感受也不同。明亮、柔顺、活泼的果酸带着成熟莓果的气息，受到人们的喜爱，而单一、尖锐、刺激，甚至带有一定涩味和臭味的酸，自然不是我们所期待的。

如同醋在美食调味中的作用，适当的酸度可以带来风味的层次感、深度、清晰度和丰富性，可以让口感更加清爽与活泼。其实，更重要的不是舍弃它，而是找到酸、苦、甜、香的平衡，让酸在其中发挥作用，而又不至于让人"酸掉大牙"。

咖啡的醇厚度
是什么?

 每次有人让我推荐咖啡时,我都会尝试问一下对方,你的偏好是怎样的。这时,我得到的回答往往都是"醇厚"或"香醇"这样听起来非常模糊的词汇。但要解释"醇厚"的具体含义,恐怕会难住很多人。古人以不兑水的酒为"醇",掺水则为"薄"。所以醇一直是厚的同义词。不过,咖啡的醇厚度和加多少水关系不大,并不等同于浓度。对于很多人来说,"醇厚"的咖啡应该是浓烈而余韵持久、让人回味的。但如果你以为它就是"苦"的另一种说法,也是大错特错。

 在专业领域中,醇厚度(Body,有些地方译为咖体)和口感(Mouthfeel)通常可以通用,是描述咖啡特点的重要维度,也是评价咖啡品质的关键指标。醇厚度描述的是咖啡液在口中的触觉特性,也就是舌头感知到的咖啡质地和口感。

 描述醇厚度,通常使用相对应的"重""轻"或者"厚""薄"。我们可以联想一下牛奶。全脂牛奶丰满黏稠的口感,可以形容为醇厚度高,相反,低脂和

/ 好咖啡
没有秘密

脱脂牛奶较为淡薄的口感，则形容为醇厚度低，咖啡也是一样。饮用更为醇厚的咖啡时，可以感觉到液体对舌头有一种包裹感，而且感觉在口中能够停留更久。

影响咖啡醇厚度的因素有很多。咖啡豆本身的风味、处理法、烘焙程度、萃取方式等都有影响。一般认为，高海拔、遮阴生长的咖啡豆，特别是生长于火山灰土壤的，醇厚度较高。而日晒处理和蜜处理的咖啡豆，醇厚度比水洗处理的更高，这是因为处理时保留了咖啡果实的果胶，风味会进入咖啡豆中。

烘焙程度和醇厚度关系紧密，但一些研究显示，这种关系并非完全线性。通常来说烘焙程度较深的咖啡豆醇厚度更高，但是当烘焙程度极深时，醇厚度反而会有所降低。

不同的冲煮工具也会影响咖啡的醇厚度。由于滤纸将带来醇厚度的不可溶物质（包括细粉）和油脂（脂肪）过滤掉了，手冲咖啡的醇厚度就低于法压壶、摩卡壶和意式咖啡机制作的咖啡。因为后者使用的孔隙较大的金属滤网都会保留一部分不可溶物质和油脂，这样做出的咖啡就相对感觉醇厚一些。

醇厚的口感对于我们感知咖啡的味道也有一定的影响。比如，醇厚度有助于平衡咖啡的酸味，也有助于我们感知到甜感，等等。

咖啡味道醇厚自然是件好事，不过不那么醇厚的咖啡也未见得就不好。干净、清爽如茶一般的咖啡，醇厚度也可以不高。如果一款咖啡豆的风味特色是干净、有丰富果酸和水果香气，而经过不恰当的烘焙和萃取变得厚重和沉闷，这样就得不偿失了。

苦咖啡，"甜"咖啡？

　　我儿时最喜欢的一种雪糕，就叫作"苦咖啡"。从很久以前开始，"咖啡"一词前面就总是少不了一个"苦"字，一口入喉，面目狰狞，难以下咽，苦过中药。而尝试过精品咖啡的人在见识了咖啡的"酸"后，又有了不一样的认知。不过，最让人疑惑的是，明明又苦又酸的咖啡，为什么总有咖啡师或店家说，某款咖啡有"甜感"呢？是自己技术不行冲不出来？或是感官愚钝无法感知？又或者，这其实根本就是故弄玄虚的"咖啡玄学"？

　　其实，甜感是真实存在的，只是我们需要将"甜感"和日常所说的"甜味"区分开。这种"自然甜感"，并不是通过添加糖、牛奶、蜂蜜、炼乳等甜味物质而获得的"甜味"。甜感作为一种感知，不仅存在，而且被认为是评价精品咖啡好坏的最重要的标准之一，在咖啡的杯测评价体系中占有重要地位。

　　在精品咖啡协会SCA的定义里，甜感是指一种令人愉悦的、丰满的风味，是在不同风味、香气、口感的叠加下产生的一种复杂的感觉。就好像柠檬的香甜，不是在你咬下的那一刻感觉到的。很多时候我们无法在一杯咖啡中分辨出甜感，但在同时品尝几杯咖啡时就比较容易意识到差异所在了。

相比白砂糖简单直接的甜味，咖啡的甜感要丰富很多。从红糖到奶油，从水果到蜂蜜，从花香到芝士，甚至是无法形容、难以定义的甜感，都可以在咖啡中找到。影响咖啡甜感的因素有很多。咖啡所生长的环境，本身就会带来甜感的差异，比如，一般认为高海拔地区的咖啡生长缓慢，可以积蓄更多的风味物质，带来更高的甜感；咖啡采收时候的成熟度也是重要的影响因素，采收的果实成熟度越高，制作的咖啡甜感越高；日晒处理或一定程度的发酵可以带来更高的甜感；而不同烘焙程度对于甜感也有影响，浅度烘焙带来更多花果调性的甜感，而深度烘焙则带来焦糖、巧克力调性的甜感。

有研究显示，如果将咖啡的萃取等分为几段，越往后的部分，人们感知到的甜感越突出。不过这并不是因为糖类物质在后段才被萃取出来。其实，人们感知到的甜感，既不来自咖啡豆中的蔗糖，也不来自蔗糖转化和分解出的单糖类物质。研究推测，可能是其他苦味或酸味物质阻碍了人们对前段咖啡中甜感的感知，也可能是后段的花香、水果等香气使人联想到了甜味。

咖啡的甜感虽然可以被感知，但往往是短暂、若隐若现和转瞬即逝的，微小的调整和变化都可能导致它的出现或消失。所谓的"甜到爆""小甜水"这样的描述，更多的是一种夸张，如果你冲煮不出或者感知不到，也完全无须感到失望。相信更多尝试和积累，总会让你遇到那杯"有甜感"的咖啡。

后记

好咖啡的秘密

关于咖啡，我们有太多太多的问题了，以它为主题的书籍、图文、视频、课程等不计其数。它究竟是一种怎样神奇的饮料，驱使我们如此卖力地了解它？所有咖啡知识的分享，到底是为了什么？产地、风土、处理法、烘焙、冲煮，在如此多的变量影响下，怎样的一杯咖啡才算是好咖啡？

从最狭义的角度说，符合"金杯"标准的咖啡是好咖啡。也就是说，按照一定的粉水比，用恰当的温度、矿物质含量合适的水，适当的研磨度，在合理的时间范围内冲煮出来的一杯咖啡，大概率是杯风味复杂、没有瑕疵、有层次、口感柔和、味道平衡、余韵持久且个性鲜明的咖啡。这也要求咖啡豆是新鲜烘焙的，在最佳的赏味时间内，且烘焙度恰到好处，可以最大程度发挥其风味特征。

稍微放宽一点标准的话，符合我们每个人口味的咖啡就是好咖啡。由于基因、文化背景、生活经历等的差异，每个人的口味偏好都不同，无论是精品咖啡还是速溶咖啡，手冲咖啡还是意式咖啡，黑咖啡还是牛奶咖啡，只要你喜欢，就有理由坚持自己所爱，大可不必以他人的眼光苛求自己，完全可以在保持开放、大胆探索的同时，自己来定义"好咖啡"。

如果再把眼光放宽，对于以咖啡因为刚需的人来说，能够在必要的时候实现提神醒脑功效的咖啡，就是好咖啡。货运司机、医生、护士，或奋斗在每一个或伟大或平凡的岗位上的你我，在需要一剂"强心针"的时刻，有一杯咖啡相伴，让我们鼓起生活的勇气，迎接一个又一个的挑战，这样的咖啡完成了它的使命，当然也是"好咖啡"。

而更进一步，咖啡作为一种农产品，每一颗豆子都可以说来之不易。正常条件下，咖啡树从种植到第一次收获需要三年左右，对于海拔、降水、风、土壤等都有严格的要求，种植过程中需要咖农严密的看管和维护，很多还需要人工进行采收。气候变化、自然灾害、病虫害更是带来了严峻的挑战。采收下来的咖啡还要进行工序复杂的筛选和处理、储藏和运输，等待时间和自然赋予其风味，最终才能来到我们手中。其中风味优秀的精品咖啡产量很低，需要的人力呵护却异常多。所以，咖啡既是自然的馈赠，更是无数人辛苦劳动得来的。种植咖啡的国家和地区多数并不发达，在产业链中，咖农能够得到的回报其实微乎其微，这是他们赖以生存的本钱。这样得来的咖啡，即便风味平平，也同样值得我们珍视。

说到底，咖啡并无好坏，因为对好坏的判断都在每个人的心里，心里所想不同，看到、尝到、感受到的便也不同。我们试图完成的，不过是帮助大家保持好奇心和开放性，从一个植物的生长、一个产品的制作过程中，探寻它的起源，揭示凝结于其中的劳动和智慧，拓宽对自己、对生活、对世界的认知，从小小的咖啡豆，看到大大的世界。正是这些被找到的喜好、被看到的价值，让我们能不断欣赏这一杯新鲜、好喝的，属于你定义的"好咖啡"。探寻和了解咖啡的过程，也是我们了解自身、感知生活和探索世界的过程。我们了解越多，能够理解、欣赏和包容的也就越多，也就越接近那杯"好咖啡"。

其实，与其说这本书是在传递一些咖啡知识，我更希望是在传递这样的观念——聆听并遵从自己内心的声音，尊重并敬畏他人的劳动和智慧，包容世界的多样性，对生活抱有更多一点的欣赏和热爱。只要你懂得理解和欣赏，好咖啡就没有秘密，好的生活也没有秘密。